U0186490

雅 趣 小 书

丛书主编　鲁小俊

饮食丛钞

[清]徐珂 编

江俊伟 注译

谢晓虹 绘

长江出版传媒　崇文书局

前　言

　　鲁小俊教授主编的十册"雅趣小书"即将由崇文书局出版，编辑约我写一篇总序。这套书中，有几本是我早先读过的，那种惬意而亲切的感觉，至今还留在记忆之中。于是欣然命笔，写下我的片段感受。

　　"雅趣小书"之所以以"雅趣"为名，在于这些书所谈论的话题，均为花鸟虫鱼、茶酒饮食、博戏美容，其宗旨是教读者如何经营高雅的生活。

　　南宋的倪思说："松声，涧声，山禽声，夜虫声，鹤声，琴声，棋落子声，雨滴阶声，雪洒窗声，煎茶声，作茶声，皆声之至清者。"（《经锄堂杂志》卷二）

　　明代的陈继儒说："香令人幽，酒令人远，石令人隽，琴令人寂，茶令人爽，竹令人冷，月令人孤，棋令人闲，杖令人轻，水令人空，雪令人旷，剑令人悲，蒲团令人枯，美人令人怜，僧令人淡，花令人韵，金石鼎彝令人古。"（《幽远集》）

　　倪思和陈继儒所渲染的，其实是一种生活意境：在远离红尘的地方，我们宁静而闲适的心灵，沉浸在一片清澈如水的月光中，沉浸在一片恍然如梦的春云中，沉浸在禅宗所说的超因果的瞬间永恒中。

　　倪思和陈继儒的感悟，主要是在大自然中获得的。但在他们所罗列的自然风物之外，我们清晰地看见了"香""酒""琴""茶""棋""花""虫""鹤"的身影。这表明，古人所说的"雅趣"，是较为接近自然的一种生活情调。

　　读过《儒林外史》的人，想必不会忘记结尾部分的四大奇人："一个是会写字的。这人姓季，名遐年。""又一个是卖火纸筒子的。这人姓王，名太。……他自小儿最喜下围棋。""一个是开茶馆的。这人姓盖，名宽，……

后来画的画好，也就有许多做诗画的来同他往来。""一个是做裁缝的。这人姓荆，名元，五十多岁，在三山街开着一个裁缝铺。每日替人家做了生活，余下来工夫就弹琴写字。"《儒林外史》第五十五回有这样一段情节：

一日，荆元吃过了饭，思量没事，一径踱到清凉山来。这清凉山是城西极幽静的所在。他有一个老朋友，姓于，住在山背后。那于老者也不读书，也不做生意，养了五个儿子，最长的四十多岁，小儿子也有二十多岁。老者督率着他五个儿子灌园。那园却有二三百亩大，中间空隙之地，种了许多花卉，堆着几块石头。老者就在那旁边盖了几间茅草房，手植的几树梧桐，长到三四十围大。老者看看儿子灌了园，也就到茅斋生起火来，煨好了茶，吃着，看那园中的新绿。这日，荆元步了进来，于老者迎着道："好些时不见老哥来，生意忙的紧？"荆元道："正是。今日才打发清楚些，特来看看老爹。"于老者道："恰好烹了一壶现成茶，请用杯。"斟了送过来。荆元接了，坐着吃，道："这茶，色、香、味都好，老爹却是那里取来的这样好水？"于老者道："我们城西不比你城南，到处井泉都是吃得的。"

荆元道："古人动说桃源避世，我想起来，那里要甚么桃源？只如老爹这样清闲自在，住在这样城市山林的所在，就是现在的活神仙了！"

这样看来，四位奇人虽然生活在喧嚣嘈杂的市井中，其人生情调却是超尘脱俗的，这也就是陶渊明《饮酒》诗所说的"结庐在人境，而无车马喧"。

"雅趣"可以引我们超越扰攘的尘俗，这是《儒林外史》的一层重要意思，也可以说是中国文化的特征之一。

古人有所谓"玩物丧志"的说法，"雅趣"因而也会受到种种误解或质疑。元代理学家刘因就曾据此写了《辋川图记》一文，极为严厉地批评了作为书画家的王维和推重"雅趣"的社会风气。

辋川山庄是唐代诗人、画家王维的别墅，《辋川图》是王维亲自描画这座山庄的名作。安史之乱发生时，王维正任给事中，因扈从玄宗不及，为安史叛军所获，被迫接受伪职。后肃宗收复长安，念其曾写《凝碧池》诗怀念唐王朝，又有其弟王缙请削其官职为他赎罪，遂从宽处理，仅降为太子中允，之后官职又有升迁。

刘因的《辋川图记》是看了《辋川图》后作的一篇跋文。与一般画跋多着眼于艺术不同，刘因阐发的却是一种文化观念：士大夫如果耽于"雅趣"，那是不足道的人生追求；一个社会如果把长于"雅趣"的诗人画家看得比名臣更重要，这个社会就是没有希望的。

中国古代有"文人无行"的说法，即曹丕《与吴质书》所谓"观古今文人，类不护细行，鲜能以名节自立"。后世"一为文人，便不足道"的断言便建立在这一说法的基础上，刘因"一为画家，便不足道"的断言也建立在这一说法的基础上。所以，他由王维"以前身画师自居"而得出结论："其人品已不足道。"又说：王维所自负的只是他的画技，而不知道为人处世以大节为重，他又怎么能够成为名臣呢？在"以画师自居"与"人品不足道"之间，刘因确信有某种必然联系。

刘因更进一步地对推重"雅趣"的社会风气给予了指斥。他指出：当时的唐王朝，"豪贵之所以虚左而迎，亲王之所以师友而待者",全是能诗善画的王维等人。而"守孤城,倡大义,忠诚盖一世,遗烈振万古"的颜杲卿却与盛名无缘。风气如此,"其时事可知矣!"他斩钉截铁地告诫读者说:士大夫切不可以能画自负,也不要推重那些能画的人,坚持的时间长了,或许能转移"豪贵王公"的好尚,促进社会风气向重名节的方向转变。

刘因《辋川图记》的大意如此。是耶?非耶?或可或否,读者可以有自己的看法。而我想补充的是:我们的社会不能没有道德感,但用道德感扼杀"雅趣"却是荒谬的。刘因值得我们敬重,但我们不必每时每刻都扮演刘因。

"雅趣小书"还让我想起了一篇与郑板桥有关的传奇小说。

郑板桥是清代著名的"扬州八怪"之一。他是循吏,是诗人,是卓越的书画家。其性情中颇多倜傥不羁的名士气。比如,他说自己"平生谩骂无礼,然人有一才一技之长,一行一言之美,未尝不啧啧称道。囊中数千金随手散尽,爱人故也"(《淮安舟中寄舍弟墨》),就确有几分"怪"。

晚清宣鼎的传奇小说集《夜雨秋灯录》卷一《雅赚》一篇,写郑板桥的轶事(或许纯属虚构),很有风致。小说的大意是:郑板桥书画精妙,卓然大家。扬州商人,率以得板桥书画为荣。唯商人某甲,赋性俗鄙,虽出大价钱,而板桥决不为他挥毫。一天,板桥出游,见小村落间有茅屋数椽,花柳参差,四无邻居,板上一联云:"逃出刘伶禅外住,喜向苏髯腹内居。"匾额是"怪叟行窝"。这正对板桥的口味。再看庭中,笼鸟盆鱼与花卉芭蕉相掩映,室内陈列笔砚琴剑,环境优雅,洁无纤尘。这更让板桥高兴。良久,主人出,仪容潇洒,慷慨健谈,自称"怪叟"。鼓琴一曲,音调清越;醉后舞剑,顿挫屈蟠,不减公孙大娘弟子。"怪叟"的高士风度,令板桥为之倾倒。此后,板桥一再造访"怪叟","怪叟"则渐谈诗词而不及书画,板桥技痒难熬,自请挥毫,顷刻十余帧,一一题款。这位"怪叟",其实就是板桥格外厌恶的那位俗商。他终于"赚"得了板桥的书画真迹。

《雅赚》写某甲骗板桥。"赚"即是"骗",却又冠以"雅"

字，此中大有深意。《雅赚》的结尾说："人道某甲赚本桥，余道板桥赚某甲。"说得妙极了！表面上看，某甲之设骗局，布置停当，处处搔着板桥痒处，遂使板桥上当；深一层看，板桥好雅厌俗，某甲不得不以高雅相应，气质渐变，其实是接受了板桥的生活情调。板桥不动声色地改变了某甲，故曰："板桥赚某甲。"

在我们的生活中，其实也有类似于"板桥赚某甲"的情形。比如，一些囊中饱满的人，他们原本不喜欢读书，但后来大都有了令人羡慕的藏书：二十四史、汉译名著、国学经典，等等。每当见到这种情形，我就为天下读书人感到得意："君子固穷"，却不必模仿有钱人的做派，倒是这些有钱人要模仿读书人的做派，还有比这更令读书人开心的事吗？

"雅趣小品"的意义也可以从这一角度加以说明：它是读书人经营高雅生活的经验之谈，也是读书人用来开化有钱人的教材。这个开化有钱人的过程，可名之为"雅赚"。

陈文新

2017.9 于武汉大学

雅趣小书

饮食丛钞

目录

雅趣小书

饮食丛钞

译文

● 宁古塔人之饮食 ……………………… 四五

● 滇人之饮食 ……………………………… 四四

● 太平人之饮食 …………………………… 四三

● 闽人之饮食 ……………………………… 四〇

● 沪丐之饮食 ……………………………… 三七

● 日食之次数 ……………………………… 三六

● 各处食性之不同 ………………………… 三五

● 西人论我国饮食 ………………………… 三四

● 饮食以气候为标准 ……………………… 三三

● 饮食之研究 ……………………………… 三二

● 饮食之所 ………………………………… 三一

● 饮料食品 ………………………………… 三〇

● 袁慰亭之常食 …………………………… 五九

● 德宗食草具 ……………………………… 五八

● 高宗在寒山寺素餐 ……………………… 五六

● 圣祖一日二餐 …………………………… 五五

● 皇帝御膳 ………………………………… 五四

● 戴可亭之饮食 …………………………… 五三

● 施旭初以爆羊肉下酒 …………………… 五二

● 董小宛为冒辟疆备饮食 ………………… 五一

● 苗人之饮食 ……………………………… 五〇

● 藏人之饮食 ……………………………… 四七

● 徐兆潢宴客精饮馔　七四

● 方望溪宴客不劝客　七三

● 哈萨克人之宴会　七一

● 满人之宴会　七〇

● 麻阳馈银酬席　六九

● 京师宴会之肴馔　六八

● 豚蹄席　六七

● 全鳝席　六六

● 燕窝席　六五

● 烧烤席　六四

● 宴会　六一

● 伍秩庸常年茹素　六〇

● 京师之酒　八七

● 茗饮时食肴　八六

● 以花点茶　八五

● 茶癖　八三

● 荷兰水　八二

● 京师饮水　八一

● 小酌之边炉　八〇

● 小酌之生火锅　七九

● 小酌之和菜　七八

● 潘张大宴公车名士　七七

● 某尚书宴某藩司　七六

● 刘忠诚为友人招宴　七五

● 蛋汤　　　　　　　　　　　　　八八

● 鸡汁浸布以为汤　　　　　　　九八

● 李文忠饮鸡汤　　　　　　　　九六

● 方渔村以酒壶为友　　　　　　九五

● 张文襄戒酒　　　　　　　　　九四

● 刘武慎好汾酒　　　　　　　　九三

● 张云骞以买米钱买醉　　　　　九一

● 高画岑呼酒痛饮　　　　　　　九〇

● 葡萄酒　　　　　　　　　　　八九

● 烧酒　　　　　　　　　　　　八九

● 莲花白　　　　　　　　　　　八八

● 李鸿章杂碎　　　　　　　　　一一一

● 松文清撤馔与人　　　　　　　一一〇

● 烧饼　　　　　　　　　　　　一〇九

● 包子　　　　　　　　　　　　一〇八

● 馒头　　　　　　　　　　　　一〇七

● 茶食　　　　　　　　　　　　一〇六

● 小食　　　　　　　　　　　　一〇五

● 宣宗思片儿汤　　　　　　　　一〇四

● 左文襄喜左家面　　　　　　　一〇三

● 客至不留饭　　　　　　　　　一〇二

● 粥　　　　　　　　　　　　　一〇一

● 奕谅以溺饮其傅　　　　　　　一〇〇

● 煎豆腐 一一二

● 李文忠食芸薹菜 一一一

● 食蟹重黄 一二〇

● 庆年嗜鳖 一一九

● 张瘦铜赵云松食鲟鳇鱼 一一八

● 李倩为食腌鸭尾 一一七

● 翁叔平食鸡蛋 一一六

● 汪文端食鸡蛋 一一五

● 盛杏荪食宣腿 一一四

● 太仓肉松 一一三

● 年羹尧食小炒肉 一一二

● 曾文正嗜辣子粉 一二七

● 张文襄嗜荔枝 一二六

● 蜜煎 一二五

● 媪食菌而笑 一二四

● 朱文正劝客食豆腐 一二三

原文

雅趣小书

饮食丛钞

● 宁古塔人之饮食 　一四六

● 滇人之饮食 　一四五

● 太平人之饮食 　一四四

● 闽人之饮食 　一四一

● 沪丐之饮食 　一三八

● 日食之次数 　一三七

● 各处食性之不同 　一三六

● 西人论我国饮食 　一三五

● 饮食以气候为标准 　一三四

● 饮食之研究 　一三二

● 饮食之所 　一三一

● 饮料食品 　一三〇

● 袁慰亭之常食 　一六一

● 德宗食草具 　一六〇

● 高宗在寒山寺素餐 　一五八

● 圣祖一日二餐 　一五七

● 皇帝御膳 　一五六

● 施旭初以爆羊肉下酒 　一五四

● 戴可亭之饮食 　一五三

● 董小宛为冒辟疆备饮食 　一五二

● 苗人之饮食 　一五一

● 藏人之饮食 　一四八

● 徐兆潢宴客精饮馔　一七六

● 方望溪宴客不劝客　一七五

● 哈萨克人之宴会　一七三

● 满人之宴会　一七二

● 麻阳馈银酬席　一七一

● 京师宴会之肴馔　一七〇

● 豚蹄席　一六九

● 全鳝席　一六八

● 燕窝席　一六七

● 烧烤席　一六六

● 宴会　一六三

● 伍秩庸常年茹素　一六二

● 京师之酒　一九〇

● 茗饮时食肴　一八九

● 以花点茶　一八八

● 茶癖　一八六

● 荷兰水　一八五

● 京师饮水　一八四

● 小酌之边炉　一八三

● 小酌之生火锅　一八二

● 小酌之和菜　一八一

● 潘张大宴公车名士　一七九

● 某尚书宴某藩司　一七八

● 刘忠诚为友人招宴　一七七

● 蛋汤　　　　　　　　　　二〇三

● 鸡汁浸布以为汤　　　　　二〇二

● 李文忠饮鸡汤　　　　　　二〇〇

● 方渔村以酒壶为友　　　　一九九

● 张文襄戒酒　　　　　　　一九八

● 刘武慎好汾酒　　　　　　一九七

● 张云骞以买米钱买醉　　　一九六

● 高画岑呼酒痛饮　　　　　一九五

● 葡萄酒　　　　　　　　　一九四

● 烧酒　　　　　　　　　　一九二

● 莲花白　　　　　　　　　一九一

● 李鸿章杂碎　　　　　　　二一五

● 松文清撤馔与人　　　　　二一四

● 烧饼　　　　　　　　　　二一三

● 包子　　　　　　　　　　二一二

● 馒头　　　　　　　　　　二一一

● 茶食　　　　　　　　　　二一〇

● 小食　　　　　　　　　　二〇九

● 宣宗思片儿汤　　　　　　二〇八

● 左文襄喜左家面　　　　　二〇七

● 客至不留饭　　　　　　　二〇六

● 粥　　　　　　　　　　　二〇五

● 奕𧫷以溺饮其傅　　　　　二〇四

● 煎豆腐

● 李文忠食芸薹菜 二二五

● 食蟹重黄 二二四

● 庆年嗜鳖 二二三

● 张瘦铜赵云松食鲟鳇鱼 二二二

● 李倩为食腌鸭尾 二二一

● 翁叔平食鸡蛋 二二〇

● 汪文端食鸡蛋 二一九

● 盛杏荪食宣腿 二一八

● 太仓肉松 二一七

● 年羹尧食小炒肉 二二六

● 朱文正劝客食豆腐 二三七

● 媪食菌而笑 二三八

● 蜜煎 二二九

● 张文襄嗜荔枝 二三〇

● 曾文正嗜辣子粉 二三一

导 读

　　饮食无小事，中国人对于饮食之事向来不肯马虎。"食不厌精，脍不厌细"是圣人对饮食的态度，也是华夏先民关于饮食之道的基本见解。饮食不仅是维持人类生命之必需，也是特定时代背景下，大到一个民族、一个国家，小到一个地区甚至一个家族之精神气质、生活智慧与情趣的侧面反映。中华饮食文化历史悠久、博大精深，绵延发展至清代，更因其幅员辽阔、民族融合、中西交汇而愈显瑰丽壮观。我们所译注的这本小书，正是试图对有清一代不同地域、民族、阶层的饮食文化进行浮光掠影式的呈现。

　　小书所选原文，悉数取自《清稗类钞·饮食类》，以中华书局 1984 年排印本为底本进行校注与今译。清末民初徐珂所辑《清稗类钞》，是一部集清代逸闻掌故之大成的资料汇编类作品，全书遵循"事以类分，类以年次"的体例，列时令、气候、地理、名胜、饮食等九十二类，计一万三千五百余条。其中"饮食"一类，收录清人及近人文集、笔记、札记、报章及诸说部之中与饮食相关的资料计八百余条、近十二万字，各条篇幅不一，长者约有千余字，短者不过寥寥一二行。

面对这样一卷被人们誉为清代饮食百科的"类钞"文字，作为节选本，除了将吸食鸦片之饮食陋习、生炙活鹅之残忍食风这一类内容摒弃不取以外，想要在极其有限的篇幅下最大程度呈现这部作品的精彩与神韵，其实并不容易。我们之所以不自量力做这件事，也是希望以前人的饮食之乐，为今人的生活添几分雅趣、助几分谈资。我们是这么想的，也是这么做的。在这本小书所选注的近百条饮食"类钞"中，固然有一些诸如近代饮食卫生理论、中西饮食差别、南北食风差异、宫廷御食规程、各族饮食风貌之类的知识性内容，但主要的篇幅还是留给了那些与饮食相关的奇闻杂记：贵为天子，也有想吃一碗"片儿汤"而不可得的苦恼；贫如乞儿，也有饱食燕窝鱼翅、大鱼大肉的机缘；位极人臣，也会遇到喝了兑水鸡汤而不自知的糗事；清雅名士，也能做出因嗜食"鸭尾"而阖家搬迁的壮举。这些饶有意趣的文字，有助于我们确认这样一个事实：无论是广厦华堂的精致宴席，还是陋巷贫家的箪食瓢饮，人们对于饮食之味、饮食之趣的追求是始终不变的。

对于一部节选本来说，求全既然不可得，取精就成了唯一可以努力的方向。我们尽力这样去做了，但无论如何精挑细选，挂一漏万之病恐怕在所难免。这一点，祈请诸位书友谅解。遗珠之恨，但愿将来有机会弥补。

江俊伟

2017.12.

饮食丛钞

译文

雅趣小书

饮料食品

饮，就是喝水。茶、酒、汤、羹（调和五味并杂有蔬菜、肉类的汤，就是羹）、浆、酪之类，就是饮料。食，指将固态物质放进嘴里，这些吃进嘴里的物质里有时杂有流质，但也只占少数。然而所谓"食品"，有时也包括饮料，因为用来满足人们口腹欲望的东西，都被称为"食"。

饮食之所

　　饮食这件事，如果不在家里解决，而是想去市场上消费的话，那么上等的场所是可以用来宴请宾客的酒楼，也就是俗称为"酒馆"的地方。次一等的是饭店、酒店、粥店和点心店，它们都设有厨房，可以提供热食。无论是想寻找适合自己口味的食物还是只想填饱肚子，只要进入这些场所，总是能吃饱喝足了出来。

　　上海售卖饭食的场所，种类极多。除了饭店以外，还有包饭作坊，单身旅居在外的人，以及那些缺乏炊具的住户，都可以让包饭作坊为其准备一日三餐，要么自己去店里吃，要么由店家负责送饭，图的就是方便。还有露天经营的饭摊，是苦力们就餐的地方。另外，还有一种形式叫饭篮，江北妇女用篮子装着米饭和盐渍的蔬菜，提到苦力们聚集的地方供其食用。

饮食之研究

　　饮食是人生不可缺少的东西，东方人经常食用五谷，西方人经常食用肉类。食用五谷的人，其身体素质肯定比不上食用肉类的人。吃荤食的人，一定比吃素食的人身体好。美洲有位医士说，人民日常饮食丰美的国家，能主宰这个世界。否则，国家一定会衰败，甚至灭亡。因为饮食丰美的人民，身体必定强壮，精神因此也健康，不管是出来为国效力还是服务社会，没有不能达到完美效果的。所以饮食这件事，确实关乎国计民生。这位美洲医士的论述，是根据印度人与英国人在饮食方面的差异来判断其优劣。假如我国人民能够和欧美人民享用同样的食品，自然不用担心国家没有强盛之日。至于有待研究的饮食问题，共有十七条：一、人体的构造。二、食物的分类。三、食品的功用。四、热量的发展。五、食物的配置。六、婴孩与儿童的饮食。七、成人的饮食。八、老年人的饮食。九、食物摄入不足与摄取失衡的弊端。十、饮食种类繁多与单一的利弊。十一、素食的利弊。十二、减食主义和不吃早饭的得失。十三、清洁牙齿的方法。十四、一日三餐的多少。十五、细嚼慢咽的必要性。十六、饮食方法的改良。十七、牛奶与肉食的检查。

饮食以气候为标准

　　人类所享用的食物，其实以气候的冷暖为选择标准。例如气候寒冷的时候，适合多吃一些富含脂肪的动物类食品，所喝的饮料则适合选用热咖啡、茶以及椰子酒。想进行剧烈的肌肉运动时，如果畏惧寒冷，可以喝一杯酒，也可以喝一些开水。到了天气炎热的时候，则适合多吃一些容易消化的植物类食品，要选择新鲜的食品，腌肉之类就不能多吃；要多喝饮料，最好是煮沸之后再晾凉的饮品，不宜饮酒。如果完全听任自己的喜好，无论什么时候都摄取同样的食物，就会因为缺乏植物类营养而消化不良，最终导致坏血症。而预防坏血症的最佳食品是柠檬汁。总之，随着气候的变化，食物的选择也应该随之改变，绝不能一成不变。

西人论我国饮食

西方人曾说，全世界的饮食大致可以分为三种。第一种是我们国家，第二种是日本，第三种是欧洲。我国的食品适合用嘴来吃，因为其中有丰富的滋味可供品鉴。日本的食品适合用眼睛观看，因为它们的摆盘经常有各种花样可供观赏。欧洲的食品适合用鼻子闻嗅，因为它们在烹饪时有好闻的香气。这话的意思大概是认为我国羹汤菜肴的精致美好是世界第一吧？

各处食性之不同

　　人们对于食品的独特嗜好，是因为食性的不同。不同的食性，源于各地不同的习俗与风尚。以下列举一些较为突出的例子，北方人喜欢吃葱、蒜，云南、贵州、湖南、四川等地的居民喜欢吃辛辣的食物，广东人喜欢清淡的饮食，苏州人喜欢吃糖分高的食品。即使是就浙江一地来说，宁波人喜欢带腥味的食物，日常菜肴全是海鲜。绍兴人爱吃带有恶臭气味的食物，一定要等到它们霉烂发酵以后才肯食用。

日食之次数

　　我国人民每日进餐的次数，南方普遍一日三次，北方普遍一日两次。每日进餐三次的，大约上午八点至九点吃早餐，十二点至一点吃午餐，午后六点至七点吃晚餐。早餐经常食用粥与点心，午餐较为丰富，以肉类居多，晚餐则比较清淡。而白昼较长的时候，中等财力以上的人家，也有在午后三四点左右进食点心的习惯，这些点心主要是糕、饼等食物。每日进餐两次的，早餐大约在上午十点前后，晚餐则在下午六点前后。早餐大多食用肉类，晚餐也比较清淡。而早上起床后以及早、晚餐之间，也进食点心，大多吃饼、面和茶。普通人家的饭食，多半都是吃一餐面食，再吃一餐米饭。商店里供给伙计们的饮食，有每天进餐三次的，则没有点心。至于富贵人家，起得晚也睡得晚，有每天进餐四次，大半夜还吃东西的，这是爱吃消闲食物的习惯，不是普遍的风俗。

沪丐之饮食

　　人类所赖以生存的，是衣、食、住。而以上海地区乞丐的生活水准与中等收入者进行比较，乞丐只在衣、住方面不如而已，在饮食水平上则大致相等。因为上海贩售食物的店铺很多，西餐厅、中餐馆固然不是乞丐们的梦想所能企及的地方，但诸如饭馆、粥店、面馆、糕团铺、茶食店、熟食店、腌腊店之类的地方，乞丐们只要带着一百来文钱去，就可以挑选食物供自己享用，因此这些地方常常出现乞丐的踪迹。以饭馆来说，每碗饭的售价是二十文钱，每碗腌肉的售价是四十文钱。以粥店来说，每碗粥的售价是十文钱，而每碟咸菜的售价不到十文钱。以面馆来说，肉面、鱼面每碗售价四十五文钱。以糕团铺来说，每份糕团的售价为五文或七文钱。以茶食店来说，有可以用十文钱、五文钱就能买到的糕饼和甜食。以熟食店来说，五十文钱可以买到酱肉，三十文钱可以买到酱鸭，一百文钱可以买到火腿。以腌腊店来说，猪头肉每份售价七文钱，咸鸭蛋每个售价十五文钱。上海乞丐每天的收入，最少的也能达到一百多文钱，以这样的收入水准而想求得一日饱餐，哪里去不得呢？况且中西餐馆里食客们吃剩的食物，有时也被乞丐们享受了。因为食客吃饱离开以后，席间剩下很多菜肴与汤水，餐馆的服务人员往往从中挑选，将它们混杂入锅、进行烹饪，然后盛在碗里出售，称为"剩落羹"，和食铺里所出售的全家福、什锦菜大体相似，每碗只卖十文钱，也自然是乞丐们所容易获取的食物。而这种羹里面有时还残有零星的燕窝、鱼翅。我想恐怕中流社会的人，也有终其一生也没机会品尝这种稀罕食材，而自悔没有当乞丐的吧！

至于像鸦片烟以用箬叶包好的一份计价，每箬仅售几十文钱。纸烟以支论价，每支仅售三四文钱。茶、酒以碗议价，每碗均仅售十文钱。乞丐们获得这些东西，自然更加容易。

上海乞丐之中，年收入较高的人，其收入有的是总督、巡抚俸禄的四五倍。因为总督、巡抚的俸禄，每年仅为白银一百四十两。用私塾先生的束修、店铺伙计的薪水来比拟，确实是不可同日而语。而且乞丐的日常花销，仅有饮食一项，没有妻子儿女的负累，没有穿衣住宿的费用，也没有未来的计划。以他们的全部收入，悉数花费在一张嘴上，还不能饱食大鱼大肉、品味鲜美的滋味吗？金奇中久居上海，曾经在公共租界里的偏僻角落，见到一群乞丐席地而坐，面前堆放着大鱼大肉，恣意吃喝。这样的场景，他遇到过三四次。这就是上海乞丐饮食水平的明证啊。

　　金奇中还曾见到从山东流浪到上海的乞丐，一男一女，像是夫妇的样子，带着一个十来岁的幼女蹲在地上，男人和女人拿着大瓢的糠核吞食，女孩则吃破败的棉絮。不是饥荒之年却已像这样，由此更知大荒之年，草根、树皮的可贵。

闽人之饮食

福建人所饮用的酒叫"参老""淡老"。他们烹饪食物时所加的调料，少用酱油而多用虾油，以微腥为美味。他们做菜时，也经常使用红糟。至于鸡，别的地方大多认为母鸡对人的身体有益，而公鸡则容易引发旧疾，价格也是母鸡比公鸡贵。福建就不是这样，当地人认为，母鸡对人来说没什么滋补养身的效果，而公鸡则大有强身健体的功效，所以公鸡的价格经常比母鸡贵三分之一。当地的中等人家如果有产妇，按照习俗需要食用公鸡一百来只。而且，像染上痘疹的小孩子，以及久病不愈的人，大多把公鸡作为重要的滋补品，这些都是其他地方人听了会吃惊的事情。但是西方人将鸡作为补品，认为公鸡营养更全面，福建的饮食风俗正好与之契合。

福建的濑尿虾有二寸多长，味道和虾非常相似，但形态则大为不同，也就是江淮等地称为"虾鳖"的东西。当地人并不十分珍惜它，寻常人家经常食用，也不把它视为山珍海味。这种食材用葱、酒烹熟，非常适合下酒。

肩挑担扛、当街贩卖的熟食，人们往往买来下饭，这是各地都有的情况。至于随便吃吃的食品，只有点心、甜食和水果罢了。福建则不是这样，当地人把鸡、鸭和海鲜烹熟以后，全都陈列在挑担上，并准备了酱、醋等调料，还有筷子、勺子以及小凳子，供人坐在挑担边享用，经营者沿街叫卖，这和广东是一样的。后来，上海也有了这种贩售方式。

福建的市场上长期贩售一种海鲜，切碎以后，用碗装盛，方言读作"号"。它的外壳颜色和螃蟹一样，形状像倒扣过来的水瓢，上面开着好几个小孔，尾部为三面棱形，形状像矛头，伏地而行，速度极快。将它的身体翻仰过来，可以看到它长着对生的十二只脚，身上长着不下数百个钩刺一样的东西，这是它的嘴。还长着像蟹脐一样的几块壳片，附着在它身后，外形非常可怕。当地人说，切开它是非常不容易的，手如果被它的钩刺划破，皮肉就会糜烂。将它翻仰过来，它就不容易转动，用刀沿着它身体的四围划破，才能杀死它。它的外壳非常坚固，纵然是刀砍，也不易刺入。福建人起初也不知道这种动物能食用，

　　侯官人沈葆桢认识它的名目，把它拿来做菜，大家才开始知道它是可以食用的，后来它就成为当地的特色佳肴，大家也就都知道这种生物就是"鲎"，在《山海经》《岭表录异》等典籍中有十分详尽的记载。

　　马江距离大海只有八十里，所以有很多海鲜。文蛤、香螺、珠蚶、江瑶，虽然都称之为"珍错"，但并不算稀罕的食材。只有一种生物，外形像蜈蚣，身体呈绿色，有很多只脚，身长约有一寸多，用油煎了沾盐吃，据说这种生物生长在水里，每年只有春分、秋分前后的三天才有，十分珍贵。只是初次食用它的人，一定会通身发肿，数日以后再吃，就没有问题了。

太平人之饮食

　　四川省太平镇无论男女都喜欢喝酒，每天晚上都要喝醉。当地人尤其喜欢喝茶，清早起来就要喝，还把酥油、奶茶视为生活必需品。牛羊肉是当地人的常见食品，猪肉也切碎做成肉羹，只有病死的猪肉以及狗肉、马肉不予食用。而把大米视为最宝贵、最稀罕的珍品，这是因为太平当地常常刮风，稻子不容易结谷的缘故。所以除非是父亲、母亲重病，不会用稻子煮饭。当地人吃饭没有固定的时间，饿了就吃。主要的食品是糌粑，先煮水作汤，装在木碗或瓦罐里，用手指调和而成。

滇人之饮食

　　云南人的饮食中比较独特的品种，有一种"乳线"，是煎制乳酪再将其抽成丝一样的形状。有一种"饧枝"，是在糯芋粉里浇上糖、洒上米调和而成的食物。有一种"鬼药"，是把蒟蒻磨碎而制成的。有一种"蓬饵"，是将糕饼混杂在一起切碎，用中午的阳光暴晒而成的。

宁古塔人之饮食

在康熙朝以前，宁古塔人的饮食，将稗子视为贵人的食物，贵人以下都吃小米，说是小米能滋长气力。宁古塔人不喝茶，也没有陶器，如果谁家有个瓷碗，就把它视作重要的宝物，但日子久了以后，也不再视其为贵重的东西。当地凡是饮食所用的器物，都是木头制成的。朝鲜出产的器物较为精美，又很难获得，所以大多选用出自当地人之手的器物。匕、箸、盆、盂，样样都有，甚至大到高达数尺的桶、瓮，也都自己制作。

当地有一种打糕，以黄米制成的为精品。还有一种糕饼，没有固定的名字，但吃起来口感很好。多洪屯出产的蜂蜜，贵人们买去作为佐餐的食物，普通人很难有机会吃到。当地的食盐，则来自于朝鲜，每年十月，朝廷派往朝鲜的译使到达宁古塔，昂邦章京给各牛录下达文书，督令当地的盐商跟随着译使一同出发，供给他们仆役、马匹，前往朝鲜的会同府。会同府距离朝鲜都城还有三千里，和宁古塔一样荒陋。朝鲜国也派遣官员与我朝使者接洽，交易盐、牛、马、布、铁等商品，然后再回都城去，整个过程大约要五六十天才能完成。询问当地的官员，也都把做

这件事视为苦差。满族人购得食盐以后，再以高价出售给汉族人，自己只回去吃炕头上的咸菜水。把快要打霜的菜放进瓮里，用水浸泡，用火烘烤，时间长了就成了浆，人们说这种酸齑水比盐要好得多。

藏人之饮食

藏族人的饮食，以糌粑、酥油茶为主，虽然各地出产的各有不同，但离了这两样便谈不上吃饱喝足。每人各有一个碗，平时放在自己怀里。他们吃完饭以后不洗碗，只用舌头舔干净，仍旧放回自己怀里。当地人吃饭的时候，不用筷子，而是用手。他们每天都吃五顿饭，吃饭的时候，男女老少围成一圈，坐在地上，每个人都把自己的碗放在面前，负责做饭的人依次给他们倒上酥油茶，先喝几碗酥油茶，然后把糌粑放在里面，用手调匀，捏取食用。吃完以后，再喝几碗酥油茶才作罢。只有晚餐有时熬制麦面汤、芋麦面汤、碗豆汤和芜菁汤。如果仍旧吃糌粑，也要熬煮野菜汤搭配，或者用奶汤、奶饼、奶渣搭配。吃牛肉则稍微煮一煮，并不煮熟。他们把牛的四条腿挂在墙上，让牛腿历经风霜，使肉质得以酥烂，味道很好。他们宰杀牛羊的时候，不用刀而用绳子，所以牛羊的血都还保存在腹内。藏族人把这些血放进盆里，加入糌粑和盐拌匀，再装进牛羊的大肠和小肠里，称为"血灌肠"，稍微煮一煮就分着吃掉，或者馈赠给亲朋好友，大家都视之为上等的食物。

藏族人还喜欢喝酒，他们的酒有两种，一种名叫"阿拉"，像内地人所喝的白酒；一称名叫"充"（读作去声），像内地的米酒，都是由自家酿造的，滋味虽淡却酒性浓烈。藏族人不吃有鳞和介甲的水生动物以及鸟雀之类，这是因为有鳞和介甲的动物吃水葬的死尸，而鸟雀则吃天葬的死尸。他们偶尔也吃一些兽类的肉，只是不擅长吃米饭，即使是吃米饭，每人最多也只能吃两木碗而已。

至于藏族日常饮品、食物的制作，说明如下。所谓青稞糌粑，青稞的形状像麦子，分为黑、白二种，将其放进锅里炒制，再磨成面粉状，不需要经过筛制，就成了糌粑。所谓酥油，是把几盆牛奶放进酱桶（也就是木桶）里，用木杖捶打成千成百下，酥油就浮了上来，然后加入少许热水，用手掬取，酥油就在手中形成团状。但是酥油必须要使用黄牛奶制作，不能使用水牛奶。所谓酥油茶，是煮一壶茶，放少许碱，等茶色都煮出来以后，把茶倒进酱桶里，再加少许盐和酥油，用木杖捶打几千下，就制成了酥油茶。这种茶的原料是雅州所出产的"大茶"，不是汉族人所饮用的春茶、毛尖、红茶、白茶等。奶汤、奶饼、奶渣、奶子，是提取了酥油以后的牛奶，虽然已经失去了精华，但并不丢弃，而是把它们放进锅里，用明火熬制，贮藏在罐子里，经过数日之后，味道变酸，就成了奶汤。将这些奶汤用布包起来，再经过数日，水滴干后，布包中形成的团状物，就是奶饼。奶饼放久了，就散开了，成了奶渣。这就像内地人制作豆腐，酥油奶就是豆腐，也就是奶饼；至于奶渣，就像豆渣。"阿拉"和"充"，与内地人所喝的酒没什么差别，没有经过蒸馏的就是"充"，经过蒸馏的就是"阿拉"。

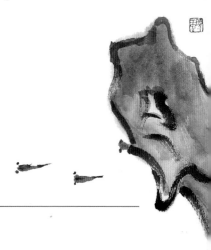

苗人之饮食

苗人喜欢吃荞麦，常常用它们制作饭食。前往千里之外的地方，也将荞麦带在怀里。他们招待客人时，把山鸡作为上等的菜肴。苗人所说的"山鸡"，其实就是蛇。苗人还喜欢吃盐，无论老人还是孩子，动不动就撮一把盐放在手掌里，时不时舔食。当地人不容易得到茶叶，渴了就喝水。

乾州红苗的一日三餐，小米、大米和杂粮都吃，渴了就喝溪水。有客人来的时候，就煮姜汤招待。当地人不知道酸、苦、甘、辛、咸五味，盐尤其珍贵，视如珍宝。

黑苗聚居在都匀、八寨、镇远、清江和古州。每隔十三年，他们都要饲养公牛，祭祀天地祖先，称为"吃枯脏"。又把猪、鸡、羊、犬的骨头与飞禽混杂，连同毛、内脏存储在瓮里，等待其腐臭以后，称为"醡菜"。其饮食里很少有盐，把蕨灰作为盐的替代品。

董小宛为冒辟疆备饮食

冒辟疆日常饮食的种类并不很多，但海产品、风干熏制的食品和口味香甜的东西，都是他平素所爱吃的，而且还喜欢与宾客们一起享用。他的姜室董小宛了解他的喜好，就一一为他备办好这些食材，供制作菜肴时使用。

火腿存放时间久了以后就没有油，却有松柏的滋味。风干的鱼放久了口感像火腿，还有麂鹿的滋味。此外，比如醉制的蛤蜊像桃花，醉制的鲟鱼骨像白玉，油蝐像鲟鱼，虾松像龙须，烘兔、酥雉像乾饵饼，可以搭配起来食用。还有菌脯像鸡枞菌，豆腐汤像牛奶。她细致地考查食谱，各地膳食精美的人家偶有奇异的菜色，她就设法去访求，而又能以慧心巧思加以变化制作出来，所以她做的菜式都非常奇妙。

到了冬天、春天，她用水和盐制作各种菜式，能使黄色的菜色泽如蜡，绿色的菜色泽像青苔，再比如蒲菜、藕、笋、蕨菜、鲜花、野菜、枸杞、蒿草、蓉菊之类，也无不采集来制作食品，令宴席之间弥漫着清新的气息。

戴可亭之饮食

　　大学士戴可亭担任四川学政的时候，得了一种类似"怯症"的疾病。成都将军来探视他，告诉他本省有一位峨嵋山道士，劝他设法请道士来治病。于是戴可亭将这位道士邀请到自己的官署里。道士说与戴可亭有缘，可以为他治病。于是道士与戴可亭对坐五日，教导他呼吸吐纳的方法，他的身体因此强健。道光十五年，戴可亭已经九十岁了，精神状态和走路的样子像是六十多岁的人，只是听力有些减退。有人问他的饮食情况，他说，每天早饭的时候吃半茶碗的稀粥，晚餐的时候喝一浅碗人奶。人们问他："这就饱了吗？"戴可亭拍着桌子大声说："人一定要吃饱吗？"他一直活到九十六岁，才去世。

施旭初以爆羊肉下酒

安吉人施旭初，名浴昇，是同治、光绪年间人士，他擅长写作八股文，为人儒雅，善于谈讲，但嗜吸鸦片成瘾，不在乎世俗之事，也不洁身自好。他曾经因为会试落榜而滞留在京城，和朋友一起寓居在会馆里。有一天，施旭初与友人相约去逛逛街市，回来的路上，买了爆羊肉，作为下酒菜，用荷叶包裹，拿绳子系好提着。羊肉从荷叶包里露了出来，突然迸出，掉到了地上。友人帮他把羊肉拾了起来，仍旧想放回荷叶里，施旭初说："不必。"当时正是深秋时节，施旭初已经穿上絮了棉花的锦缎长袍，袍子是新做的，他掀起长袍的前襟，使其形成包袱状，左手拎起衣服的两角，右手捧起羊肉用衣服兜住，镇定自若、潇洒自然，非常得意的样子。等回到屋里，他将袍子里的羊肉抖落在榻上，乱七八糟地散放着，大吃了起来，而且还邀请客人一起吃，客人推辞不迭，喊会馆里的仆人拿盘子来装羊肉，但此时羊肉已经被施旭初吃掉一大半了。

皇帝御膳

皇帝的一日三餐，由宫中的御膳房掌管，聚集山珍海味，书写在膳牌上，除了远方进贡的珍异食品是依照时令进献御前以外，日常所用的鸡、鱼、羊、猪等食物，每餐都要准备，而且必定是双数，此事皆由御膳房负责。

圣祖一日二餐

张鹏翮曾经率领百官奏请朝廷祭天祈雨，圣祖康熙皇帝阅览了他的奏疏以后，说："不下雨，米价暴涨，发放官仓贮藏的粮食来平抑粮价，出售玉米糁子，老百姓又挑食要吃小米，而且平日还不知道节省。你们这些汉人，一天吃三顿饭，夜里还要喝酒。朕一天吃两餐，当年出兵塞外，每天只吃一餐。现在十四阿哥在外统领军队也是这样。你们汉人如果能这样，那么一天的粮食，可共两天食用，为什么不这么办呢？"张鹏翮回奏说："平民百姓不懂得蓄积粮食，一年的收成，随便消耗用尽，这是习惯使然。"康熙皇帝说："朕每顿饭只吃一种菜肴，比如要吃鸡肉就只吃鸡肉，要吃羊肉就只吃羊肉，不吃两种以上的菜肴，多余的菜肴都赏给别人吃。七十岁的老人，不能吃盐、酱和太咸的食物，夜里不能吃饭食，到了晚上就要就寝，不能在灯下看书，朕长期这么做，对身体很有益处。"

高宗在寒山寺素餐

清高宗乾隆皇帝喜欢微服私访，他在位六十一年间，曾微服出行离开京城，当时的地方官们颇感不安，因为皇帝的行踪隐秘，恐怕是在暗访民情。但是乾隆皇帝每到一个地方，就命令知道自己行踪的人不许设宴接驾。一天，乾隆皇帝带着两个太监微服出行，大臣张廷玉跟随在他身边。到了苏州，当时的巡抚是陈大受，陈大受以前与张廷玉相识，对他的突然来访感到很惊讶，张廷玉对陈大受耳语说："那个穿着湖色夹袍的人，是圣上。"陈大受不知道该怎么办，急忙上前跪拜接驾。乾隆皇帝笑着把他扶起来，对他说，不要惊慌，只是借此地的佛寺住十来天就行，不要让身边的人以及寺里的僧人知道。陈大受恭敬应答。他献上饮食，皇帝命令五人一起坐下吃饭。吃完了饭以后，陈大受给寒山寺的僧人写信介绍，说自己有几个亲戚，想借住在寺里游览几天。陈大受启奏乾隆皇帝道："微臣应当随驾。"乾隆皇帝说："你一出门，恐怕地方上很多人认识你，多有不便，不如算了。"陈大受叩头谢恩。然后乾隆皇帝和张廷玉以及两名太监一起去了寒山寺，寺里的僧人以为他们是巡抚的亲戚，就供给他们膳食。皇帝对僧人说，我们一向喜欢吃素食，只用供给我们素菜就行了。僧人引导皇帝游赏各处，皇帝送给僧人一把扇子，上面抄录了张继的《枫桥夜泊》诗，落款题为"漫游子"，并在寺里留宿了七天才离开。临行之际，乾隆皇帝给陈大受写了一封信，这封信的大意是说，朕这就走了，为恐惊扰地方，你千万不要远送。于是乾隆皇帝就这样微服离开了苏州。

德宗食草具

　　光绪皇帝受制于慈禧太后，纵使是饮食方面，慈禧太后也不许太监给皇帝进献新鲜的食材。一天，光绪皇帝觐见慈禧太后，含蓄地提到太监们进献给他的是粗劣的饭食，太后说："身居上位的人也讲究饮食这种小事吗？怎么偏偏要违背祖宗的遗训！"太后说话时声色俱厉，光绪皇帝沉默地听从教训，不敢出声。

　　光绪二十四年，皇帝被幽禁在瀛台，每餐膳食虽然有几十种菜肴，但是离御座稍远一点的菜大多数已经腐臭了，因为连日呈献，只是作为装饰而已，根本没有进行替换。其他的食物也又干又冷，并不可口，所以光绪皇帝每餐都吃不饱。偶然想让御膳房换一种菜，御膳房一定会奏明慈禧太后，太后就用节俭之德来斥责皇帝，最后光绪皇帝再也不敢提起这件事了。

袁慰亭之常食

　　内阁总理大臣袁世凯喜欢吃填鸭，喂养这种填鸭的方法，是每天将鹿茸捣成碎屑，掺进高粱里饲养鸭子。他还爱吃鸡蛋，每天早餐吃六枚，搭配一大杯咖啡或茶，再加几块饼干；午餐再吃四枚，晚餐又吃四枚。他年轻力壮的时候，每餐搭配菜肴要吃四个馍，每个馍有四两重。

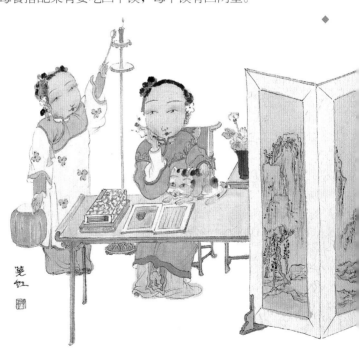

伍秩庸常年茹素

　　光绪癸卯、甲辰年间，新会人伍廷芳因为体弱多病而无法治愈，搜求卫生保健的方法，他体悟到植物的生长其实是依靠太阳，五谷、蔬果没有哪一种不是依靠太阳而生长的，所以它们的品质对人是最有益处的，吃这些食物，杂质较少而且易于消化，原本就不是性质重滞的肉类所能比拟的，于是伍廷芳就以坚持素食自行勉励。他长期坚持一日两餐，只在中午和下午申时吃饭，对于腥膻类、脂肪类的食物都摒弃不食。时间久了，他的旧病都没了，步履日益稳健，而且两边的鬓发又恢复了黑色。

宴会

　　宴会所设的酒席，除了安排在妓院之外，无论是在公署，在家里，在酒楼，在园亭，主人都必须站在门前迎客。主人与客人互相长揖行礼。宾主入座以后，主人先用茶水、点心以及水烟、旱烟招待客人，等到酒席安排妥当，主人就迎请客人一一入席。

　　酒席的陈设，体例不一。如果酒席有很多桌，那么就以左边为首席，以下依次递推。就一桌酒席上的座次来说，则以左边最高的一个位置为首座，与它相对的是二座，首座之下的位置为三座，二座之下的位置为四座。如果两桌酒席相对排列，那么摆在左边的酒席，以东面第一、二个位置为首座、二座，摆在右边的酒席，以西面第一、二个位置为首座、二座，主人照例一定坐在酒席西面的下方。

　　客人刚刚入席时，主人一定要敬酒，要么自己斟酒，要么让侍奉的人代为斟酒，主人自己敬酒，向客人致敬，并导引客人一一入座。这时，主人招呼客人的称谓冠以姓氏，例如某某先生、某翁之类，这就是定席，又称为按席，也称为按座。也有主人等客人坐定以后，才开始向客人——斟酒的。但无论如何，主人敬酒的时候，客人一定会站起来领受。

宴席上的菜肴，以烧烤或盛在大碗里的燕窝为敬客之道，然而按照惯例，大多数宴席都要有鱼翅。碗有八大碗八小碗，碟有十六碟或十二碟，点心则有两道或一道。

猜拳行令，大多在酒筵将尽的时候。粥、饭端上桌以后，宴席就已经结束了。这时可以去别的房间喝茶，也可以直接离开，只是必须向主人拱手作揖，以此表达谢意。

猜拳是酒令游戏的一种玩法，唐人的诗里有"城头击鼓传花枝，席上抟拳握松子"的句子，由此可知在酒席上以猜拳取乐，由来已久了。

通常所行的酒令，两人相对出手，各自猜他们所伸出手指数量的总和，以此分胜负。五代时，史宏肇和苏逢吉饮酒，作手势行酒令，也就是现在搳拳的起始。搳拳时口里说的话，一为"一定"，二为"二喜"，三为"连升三级"，四为"四季平安"，五为"五经魁首"，六为"六顺风"，七为"七巧"，八为"八马"，九为"九连灯"，十为"十全如意"。还有所谓的"加帽"，是在每句话前面，都加上"全福寿"三个字，或者只加上"全"字作为句头。

猜拳有"不赌空"的说法，就是元人姚文奂诗中所说的"剥将莲子猜拳子，玉手双开不赌空"。今人称为"猜单双"。方法是任意选取酒席上可以握在掌心用颗数计算的果粒，数量为单数，颜色要有差异，双手紧握，只伸出其中一只手，先猜单双，再猜数目，然后猜颜色，总共猜三次来决定胜负。

酒令中也有一种叫做"打擂台"的玩法，赢家高坐在炕上，想要夺取他席位的人，先饮一大杯酒，站着的人与坐着的这个人猜拳，赢了的人夺取席位坐下，输了的人就让出座位，只饮一杯酒。

烧烤席

烧烤席，俗称满汉大席，是最最上等的筵席。烤，是用火使食物脱水的方法。烧烤席上除了燕窝、鱼翅等山珍海味以外，一定要有烧猪、烧方，都是整个儿的烤。酒过三巡，进献烧猪，厨师、仆人都身着礼服进来。厨师奉上烧猪招待客人，仆人解下身上所佩戴的小刀为客人割肉，盛在食器中，单膝跪下，献给坐在首座上的主客。主客动了筷子，陪客们才开始品尝，这是烧烤席上最为隆重的仪典。次一等的酒席用烧方。所谓"方"，是用一整块的猪肉，而不是全猪，但比起仅有烧鸭的酒席来说，仍然是很贵重的。

燕窝席

　　以燕窝为特色菜的酒筵，仅次于烧烤席，只用于招待尊贵的客人。客人入席以后，首先端上用大碗盛的燕窝，称为"燕窝席"，又称"燕菜席"。如果用小碗盛燕窝，并在鱼翅上桌以后才端上来，就算不得郑重了。燕窝的烹制方法有两种。咸的做法，是掺上火腿丝、笋丝、猪肉丝，加入鸡汤炖煮。甜的做法，只加冰糖，也有加入蒸鸽蛋的。

全鳝席

  同治、光绪年间，淮安出了很多位名厨，他们所烹制的鳝鱼尤其有名，胜过扬州的厨师，而且他们能用鳝鱼烹制整桌的酒席，全部菜色多达数十种。盘子里、碗里、碟子里，所盛的菜肴都是用鳝鱼做成的，但滋味却各有不同，称之为"全鳝席"。至于号称有一百零八种菜式，则是把纯用牛、羊、猪、鸡、鸭为原料制作的菜肴也计算在内了。

豚蹄席

　　自太平天国被平定以后，东南各省的风气趋于侈靡，即使是普通的宴会，也必须是鱼翅席。虽然大家都知道鱼翅没什么滋味，但如果酒席上没有这道菜品，客人就会认为主人有心怠慢，因此而讥笑主人。嘉定的宴席却不是这样，客人入座后，就端上热荤菜，其中碗菜的第一种菜品就是猪蹄，猪蹄的皮子发皱，这道菜的用意好像是说用了一整只猪来待客。嘉定的名门大族比如徐氏，比如廖氏，也都是这样做的，至于平民人家则不讲究这些。

京师宴会之肴馔

　　光绪己丑、庚寅年间，京官们的宴会，一定借饭庄的场地举行。所谓饭庄，是大酒楼的别称，以福隆堂、聚宝堂最有名，每桌酒席的花费，约为白银六至八两。如果只是比较随意的饮宴，则根据客人们的嗜好，各点一菜，比如福兴居、义胜居、广和居的葱烧海参、风鱼、肘子、吴鱼片、蒸山药泥，致美斋的红烧鱼头、萝卜丝饼、水饺，便宜坊的烧鸭，某家清真餐馆的羊肉，都是非常可口的菜品。

麻阳馈银酬席

　　道光年间以前，湖南麻阳的人家遇到喜事和丧事，亲戚朋友都不馈赠礼物，而是直接赠送银子，以一钱至七钱银子为标准。主人根据客人所赠送的礼金数额来安排宴席。赴宴的人们宾客杂坐，送一钱银子的人只吃一盘菜。刚刚吃完，屋角就有人敲锣说："一钱的客人请退席。"于是有若干客人纷纷退席。等到第二盘菜吃完，又敲锣说："二钱的客人请退席。"又有若干客人纷纷退席。按照惯例，赠送五钱银子的客人可以享用全席菜肴，赠送七钱的客人可以享用加菜。等到五盘菜吃完，虽然不再敲锣，但在座的客人也寥寥无几了。

满人之宴会

满族人举行大型宴会的时候，主人家的男男女女一定要轮番起舞，人们大多高举着一只袖子在额前，反背一只衣袖在身后，作出盘旋的姿势，称为"莽式"。其中有一人歌唱，众人都用"空齐"二字应和，称为"空齐"，以此作为祝颂之辞。每到宴请客人的时候，客人坐在炕的南面，主人先送上烟，再献上奶茶，称为"奶子茶"，然后在杯中倒上酒，放在盘子里。客人中有年长的，主人就直身而跪，用一只手进酒，客人接过酒喝下，不回礼，酒喝完以后主人才站起来。客人如果稍微年长，也跪着喝酒，喝完以后，客人坐下，主人才站起来。如果客人比主人年纪小，那么主人就站着为客人斟酒，客人跪着喝酒，喝完以后，站起来再坐下。妇女出来为客人斟酒，也是如此。只是妇女敬酒大多跪而起，不是只喝一杯酒可以应付的。用餐的时候，不吃其他的东西。喝完酒以后，主人家在客人面前铺上油布，称为"划单"，这是用来防止油污的东西。等到用整只牲畜烹饪的主菜端上来以后，大家用刀割肉吃。众人吃完以后，主人将剩下的肉全部赐给客人带来的奴仆。奴仆们叩头致谢，席地而坐，对着主人吃肉，不用回避。

哈萨克人之宴会

哈萨克人朴实单纯，招待宾客礼遇有加。亲戚朋友远别相会，必然相拥抱头大哭，平辈则握手搂腰，长辈见了晚辈，则亲吻嘴唇，啧啧作响。客人入座以后，主人在客人面前铺上崭新的布，摆上茶食、醍酪。如果有贵客到来，主人就把羊、马系在户外，请客人观看，然后才开始宰杀羊、马招待客人。宰杀牲口以前，先要诵经。（马，以马头上有菊花状青白纹者为上品；羊，则以黄色的头、白色的身体为上品。）主人把牲畜的血清理干净以后，就开始烹制肉食。但如果不是同族人宰割的牲畜，哈萨克人是不会吃的。只要有客人登门，无论是认识的还是不认识的，主人都要留宿吃饭。所吃的肉食，如果不是新宰杀的，主人一定会告诉客人缘故。否则客人会向部落首领禀报说："某某人缺少情义，丧失了主人待客的礼仪，用隔日的肉害我。"首领立刻会拘捕主人，并加以责罚。所以主客之间，没有人敢不互相尊敬的。

　　哈萨克人每次用餐前，要用洁净的清水洗手，头上一定得戴着冠帽，如果因为事情紧急忘了，则要把一根草插在头上，才能进餐，否则就是不敬。吃的时候用手掇食，称为抓饭。这种饭，米和肉同煮，掺入葡萄、杏脯等食物，盛在盆盂里，放在布毯上。主人与客人席地围坐，互相应酬。进餐的时候用刀割肉，不用筷子。哈萨克人禁止吸烟、喝酒，忌食猪肉，称猪为"乔什罕"，一看到就会回避。他们尤其爱喝茶，因为茶能帮助他们消化肉食。

方望溪宴客不劝客

如果有人去方苞府里赴宴，他绝不向客人劝菜。有人觉得奇怪，就问他缘由，他回答说："按照礼仪，主人设宴招待客人，客人将要吃饭的时候，主人一定要谦辞说准备的是粗劣的食物，客人一定要努力多吃，这才是最好的礼仪。现在主人劝客人进餐，客人反而不吃，怎么算是礼仪呢？孔子在少施氏家用餐而能吃饱，作为客人的孔子要进行食祭，作为主人的少施氏辞谢说：'食物太粗劣了，不足以用来献祭。'客人孔子要进餐，主人少施氏辞谢说：'食物太粗糙了，不足以用来食用。'"

徐兆潢宴客精饮馔

常州蒋用庵御史和四位朋友一起去徐兆潢家赴宴。徐兆潢精于饮食，他家烹制的河豚尤其美味，他命人端来美酒，请客人们一起品尝河豚。诸位宾客虽然贪恋河豚的鲜美滋味，各自举筷大吃起来，但对河豚的毒性难免心存疑虑。其中有一位姓张的客人，吃到一半时，忽然倒地，口吐白沫、不能发声。主人与众位来宾都以为他吃河豚中了毒，于是赶快买来粪汁灌他喝下，姓张的客人喝了粪汁以后，仍未醒来。客人们非常害怕，都说："宁可在河豚的巨毒发作之前服药。"于是每人都喝下了一杯粪汁。过了很长时间，姓张的客人苏醒过来，众位客人对他讲了先前解救他的事，姓张的客人说："我素有羊角疯这种病症，不时发作，并不是中了河豚毒。"于是其他的五个人后悔自己无缘无故吃了粪便，一边呕吐，一边不停地狂笑。

刘忠诚为友人招宴

　　新宁人刘坤一性情机警，以智谋出众自得。刘坤一年轻的时候，家境非常贫苦，饮食常常不能为继。一天，刘坤一的朋友请他去赴宴，席上安排了美味佳肴，满桌又都是熟识的人。刘坤一非常高兴，但他担心同席的人很多，自己吃不饱，于是假装捉脚底的虱子，扬起自己的旧袜子，掸了好几次，袜子上的皮屑和灰尘飞落到杯盘之间，在座的客人没人再敢动筷子，刘坤一却慢慢举起筷子，大吃了起来，吃饱以后才离席。

某尚书宴某藩司

同治年间，杭州有一位尚书，刚刚退休，回家闲居。当时此地有一位藩司，因为供应饮食的事情百般苛责自己下属的官吏，他属下的知州、知县们都因为此事忧心忡忡。尚书说："他是我的门生，我应该告诫他。"等到藩司来拜见时，尚书款待他，说："老夫本来想摆设宴席，恐怕妨害你的公务，不如留在这里吃一顿家常饭，能和我共同进餐吗？"藩司因为这是老师的命令，所以不敢推辞。从早上直到中午，饭食仍未端出来，藩司饿极了。等到饮食端上来的时候，只有脱壳的粗米饭和一盘豆腐而已，尚书和藩司每人吃了三碗饭，藩司觉得吃得实在太饱了。不一会儿，美酒佳肴都摆上了桌，藩司却无法下筷。尚书执意让他吃，藩司回答说："吃得太饱了，不能再吃了。"尚书笑着说："看来饮食原本就没有精细与粗劣之分，肚子饿的时候什么都能吃下去，肚子饱了就不觉得有什么美味了，这是现实情境不同所造成的不同心理感受呀！"藩司领会了老师的意思，从此不再因为饮食的事情苛责于人。

潘张大宴公车名士

同治、光绪年间，某科会试结束以后，潘祖荫和张之洞在北京陶然亭宴请参加这次考试的各地名士。约定的时间是中午。设宴前的十来天，他们就写信邀请嘉宾，又根据所请客人的特长，按经学、史学、小学、金石学、舆地学、历算学、骈散文、诗词等各列一张名单，分门别类、不相混杂。接到邀请的一百多人如期而至，有的品味香茶、谈论艺术，有的联诗作对，有的对弈下棋，没有不兴高采烈的。到了傍晚，大家空着肚子一整天，都觉得饿极了，高谈阔论、雄辩谈讲的人渐渐少了起来。潘祖荫有所觉察，问张之洞说："您把筵席交给哪一家主办了？"张之洞非常惊愕地说："我忘了办这件事啊，现在怎么办？"于是急急忙忙打发仆人去酒楼，命令即刻送筵席来，送来的都是一些草草准备的饮食，而且有的还腐烂变质了。宴席送来的时候，街上已经开始打更了，大家饥饿难耐，勉强下咽，有的人吃完回家后还腹泻了。

小酌之和菜

　　小酌，是两三位知己一起小聚饮酒，不足以称为宴客，在上海，适合小酌的是"和菜"。酒楼里出售的这种"和菜"，是"碰和"时吃的食物。共计四碟、四小碗、两大碗。碟子里盛的是油鸡、酱鸭，火腿、皮蛋之类，小碗里盛的是炒虾仁、炒鱼片、炒鸡片、炒腰子之类，大碗里盛的是走油肉、三丝汤之类。"碰和"是赌博的一种形式，只有四人参加。这一组食物被称为"和菜"，意思是说它是只能供四人享用的便饭。

小酌之生火锅

北京城的冬日，人们在酒店里买酒喝，酒桌上总是有一只小锅，锅里盛着汤，锅底下有明火，盘子里盛着鸡、鱼、羊、猪等肉片，由客人们自行放入锅中，一烫熟了就吃。还有在汤里加了菊花瓣的，称为菊花火锅，适合小酌。因为将各种食物都生切成丝状和片状，所以称为"生火锅"。

雅趣小书

小酌之边炉

　　广州的冬日，酒楼里准备了边炉，因为这种饮食形式创自于一位姓边的人，所以称为"边炉"。这种饮食形式，十分适合小酌。边炉的食用方法，大致和北京的生火锅相似，只是除了鸡、鱼、羊和猪肉之外，还搭配了鸡蛋，大概广东人已经知道鸡蛋里富含蛋白质吧。

京师饮水

北京城的井水大多有苦味，茶具只要三天不擦拭，就会积满水垢。但是井水之中也有品质上佳的，安定门外较多这类井水，而又以这一区域最西北的井水为最上品，这个地方的地名叫上龙。例如姚家井以及东长安门内的井水，还有东厂胡同西口外的井水，都没有苦味，而且还带有甜味。凡是有井的地方，称为水屋子，每天用车装载着井水送往居民家，作为这些人家的饮用水，这就是"送甜水"。比如皇宫里的饮用水，就专门取自玉泉山。

荷兰水

　　所谓"荷兰水"，就是汽水，是一种用碳酸气及酒石酸或枸橼酸加糖以及其他各种果汁配制的饮品，例如柠檬水之类就是其中的一种。我国对于西洋的货物最初大多冠以"荷兰"之名，所以沿称汽水为"荷兰水"，其实它并不是由荷兰人发明的，也不由荷兰国所生产。现在中国人能自己生产汽水，而且设有店铺专门出售汽水，以供来往的顾客饮用，一进入夏天就开始销售，到了初秋的时候仍有供货。

茶癖

　　人们以植物的叶子为原料制作饮料，其实是古今中外的一个共同癖好，其源头已无法考证。西方人喜爱咖啡、椰子，东方人喜欢茶，虽然因为所居地域的不同而各有所好，但却一样爱喝植物类的饮品。然而，根据医学研究，这类饮料中，水分的含量之多，占到了90%到98%，其中少许的饮料成分，对于人类的身体来说其实没有多大的益处，饮用它的人也只是借用其芬芳的气味，作为诱导自己喝水的助力。喝茶的爱好并非天生就有，儿童喝茶时常常嫌它味道苦涩，不配上糖果，不能下咽。等到长大成年，受社会上大众爱好的影响，也养成了这种嗜好。成年人里，也有一年到头从不喝茶的人，对于身体健康，并没有什么影响。茶并不是人类生命所必需的东西，这一点应该是没有疑义的。

　　世界上出产茶叶的地方，首推我国，其次则是印度、日本和斯里兰卡。西方人将乌龙茶视为珍品，就是我国所说的红茶。上品的茶叶，由嫩叶幼芽制成，其中杂有花蕊，这种茶之所以有浓郁的香气，原因就在于此。粗劣的茶叶则是用老叶、枝干制成。茶的枝干中含有的制革盐最多，是整个茶树制革盐含量最高的部位。因此饮用劣质的茶水，对身体的害处尤其大。茶的味道都来源于茶素，茶素能刺激人的神经。喝茶能使人精神亢奋、意识清醒，能使人彻夜不眠的原因就在于此。但是，如果空腹喝茶，就会使人感觉头晕、精神混乱，好像醉酒一样，这种情况称为"茶醉"。

茶的功能，仍然要靠热水的力量才能发挥。饭后喝茶，可以帮助消化。西方人喝茶时要加入糖和奶，所以也对人有益处，但这不是茶叶本身的功劳。茶叶里最有碍消化的物质，是制革盐。这种物质不容易融解，只有大火烹煮、长久浸泡才会溢出。如果只是把茶叶放进沸水里，等茶味充足以后就倾倒出来，这时饮用对人是没有害处的。我国人民饮茶的方法非常合理，只是有时茶叶泡得太久，令人担忧。久煮的茶，滋味苦涩、颜色发黄，用来制作皮革是上好的，喝进肚子里就不合适了。年纪在十五六岁以下的青年男女，最好不要喝茶。因为这个年龄阶段，人的神经系统尚处于发育之中，易受损伤；而且年轻人肠胃功能良好，没有必要喝茶，做父母的人最好别让他们喝茶。

以花点茶

　　用花来点茶的方法是：将茶叶放入锡瓶之内，其中混杂着花朵，隔水蒸煮。等到水一沸腾就好了，再将其焙干。用这种方式点制的茶，都有花的香气。梅、兰、桂、菊、莲、茉莉、玫瑰、蔷薇、木樨以及橘树等各种花都能用来点茶。众花盛开的时节，摘取那些半开半闭、香气浓郁的花蕊，根据茶叶分量的多少加入花蕊。花太多，则香气太浓，反而抑制了茶的韵味；花太少，则香气太弱，不足以成就完美的花茶，必须得是三分茶叶一分花才合适。

茗饮时食肴

　　镇江人喝茶，一定要佐以肴肉。所谓"肴"，就是饮食的意思。凡是饮食，都可以称为"肴"，而镇江人所说的"肴"，是用它来作为一种食物的专有名称。镇江的"肴"以猪肉为原料，用盐腌渍数日，使其滋味略咸，色泽像水晶一样白亮，切成块状，在品茶的时候搭配食用，滋味可口，吃不出其中的脂肪。

京师之酒

　　北京城的酒店分为三种，酒的品类也最为繁多。第一种是"南酒店"，出售女贞、花雕、绍兴以及竹叶青等酒，售卖的菜肴果品则为火腿、糟鱼、螃蟹、松花蛋、蜜糕之类。第二种是"京酒店"，经营者是山东人，出售的酒有雪酒、冬酒、涞酒、木瓜、干榨等，而且还将这些酒又分为清、浊两类。所谓清酒，就是郑玄所说的"一夕酒"。还有良乡酒，出产于良乡县，北京人也会酿造，这种酒冬天才有，一入春就会腐坏变酸，这时就把它煮制为干酢酒。京酒店里佐酒的餐食，则有煮咸栗肉、干落花生、核桃、榛仁、蜜枣、山楂、鸭蛋、酥鱼和兔脯。第三种是"药酒店"，店里出售的是用花蒸成的烧酒，其名目极其繁杂，比如玫瑰露、茵陈露、苹果露、山楂露、葡萄露、五茄皮、莲花白之类。凡用花、果所酿制的酒类，都可以用"露"来命名。出售这类酒的店家不卖佐酒的餐食，须由客人自行在市场上购卖。因而凡是爱喝药酒的人都经常去药酒店，并向其他的餐馆另买食物。凡是在京酒店里饮酒，以半碗为计量单位，其实就是四两，如果说一碗，则是半斤。

莲花白

清宫的瀛台种有一万多枝荷花，荷叶连绵，宛如青盘翠盖，一望无涯。慈禧太后时常命令小太监采摘荷花的花蕊，加入药料，酿制成美酒，名为莲花白，灌装在瓷器里，上面用黄云缎包好，用来赏赐亲信的大臣。这种酒滋味清醇，就是琼浆玉液也比不上它。

烧酒

烧酒的酒性浓烈、酒味醇香，用高粱所酿的叫高粱烧，用麦米糟所酿的叫麦米糟烧，而搀入各种植物酿制的，统一名为"药烧"，如五茄皮、杨梅、木瓜、玫瑰、茉莉、桂、菊等所酿制的，都属于这一类。北方人饮酒，一定选高粱酒，而且以直隶的梁各庄、奉天的牛庄、山西的汾河出产的为上品。其中品质最好的高粱酒，一入口就有热气直沁心脾，只要不是海量之人，喝不到三杯，就已经醉了。

张之洞曾摆酒请客，问在座的宾客烧酒起源于什么时候。当时，侯官人陈衍也在座，他站起身来回答说："现在的烧酒，大概就是元朝人所说的汗酒。"张之洞说："不对，烧酒早在晋代就有了。《陶渊明传》里说，五十亩种高粱，五十亩种水稻。水稻用来酿造黄酒，高粱用来酿造烧酒。"陈衍说："如果这样，那么就像《月令》里早就说过的一样，应该是将水稻和高粱都准备好，一起来酿酒。"张之洞急忙反复念诵《礼记·月令》里的"秫稻必齐"一句，还说："我怎么就忘记了这句话呢！"

葡萄酒

葡萄酒是由葡萄汁酿制的，大多从外国进口，分为很多品种。未脱皮的葡萄酿成的酒颜色发红，称为红葡萄酒，能去除肠道中的有害物质。去皮的葡萄酿成的酒色泽发白，微微泛黄，称为白葡萄酒，能帮助肠胃蠕动。还有一种葡萄，出产于西班牙，糖分含量极高，酿成的酒透明无色，称为甜葡萄酒，最适合病人饮用，能帮助其迅速恢复精神。烟台的张裕酿酒公司能仿造葡萄酒。其实我国在汉、唐时期已经有了葡萄酒，也是来自于西域。唐朝攻破高昌国，获得了马奶葡萄，收入御苑之中进行种植，还获得了高昌人酿酒的技术。

高画岑呼酒痛饮

嘉庆、道光年间，浙江仁和县有一位姓高名林字画岑的秀才，家住塘栖，性情通脱，不讲究威仪。他与赵宽夫是同学。赵宽夫性情方正严肃，没有人敢和他说笑。高画岑故意曲解经典文义来激怒赵宽夫，赵宽夫言语决然、与他争论，他却大笑着轻慢以对。高画岑家徒四壁，只爱喝酒。每次都要喝醉，醉了就躺在街上的水沟里。人们让他写诗作文，他信口而作，大多言辞美妙、有超逸不俗的情趣。一天，高画岑进城参加科举考试，听说有位朋友得了急病，急忙飞奔回来，朋友已经去世入殓，他大哭着跳入水中。他的妻子知道了，立刻关上门、上吊自杀。邻居们两边施救，将夫妇二人都救活了。高画岑转而大笑起来，叫人拿来酒，大喝了起来，人们都无法理解他的行为。不久以后，他因饮酒过量而生病，终究还是死了。

张云骞以买米钱买醉

　　知府张云骞年少时性情豪迈，从不过问家人的生计与劳作。他喜欢饮酒，就是喝上整整一石酒也不会醉，然而他家时常有断粮的隐忧。一天，他的妻子拔下头上的发钗拿去抵押，借来三百文钱，打算用来买米。妻子将这些钱放在几案上，张云骞看到了，就用典押的契券包裹着钱，拿去酒店买醉。半夜时分，他才大醉而归，钱用光了，契券也遗失，无迹可寻了。

刘武慎好汾酒

武慎公刘长佑为官勤勉，处理事务、接待宾客，从不面露倦容。刘长佑喜欢喝酒，而且一定要喝汾酒。他曾独自饮酒，一个人可以喝掉十几斤酒。他左手拿着酒杯，右手握着毛笔，批阅来往公文，从不出错。有时他也和客人们一起宴饮，虽然不划拳，但却殷勤劝酒。宴席结束、客人告辞时，他仍遵循主人待客之道拱手相送。

张文襄戒酒

张之洞年少时沉溺于饮酒，喝醉以后喜欢大放狂言，听到他醉话的人都纷纷躲开。他每次喝到大醉时，就和衣而睡，鞋帽等物常常扔在枕边。有一年，他的族兄张之万以一甲第一名进士及第，张之洞知道之后十分懊恼，慨然说道："时间不等人啊！"从此就戒了酒。

方渔村以酒壶为友

　　方渔村单身独居，一生不曾亲近女色。所居茅屋三间，难以遮蔽风雨，他在屋里吟咏诗文，怡然自得。方渔村素性喜欢饮酒，一有了钱，就拿出买酒。遇见路人，就强行拉住对方，让人陪他一起买醉，根本不打听对方究竟姓甚名谁。他还喜欢划拳，如果一起喝酒的人推辞说不会划拳，他就强行纠缠。如果对方一再推辞，他就会发怒，人们都怕他发怒的样子，一个个都远远躲着他。他看到没人陪自己喝酒，就以酒壶为友，与它猜拳行令，于是人们都称他为"方痴子"。方渔村活了八十多岁，无疾而终，他的姻亲为其料理了丧事。

雅趣小书

李文忠饮鸡汤

李鸿章担任直隶总督时，曾经因视察地方军务而出巡，路过一地，某位地方官设宴款待、十分殷勤。上菜的时候，这位官员怕菜做得不好，每道菜肴、膳食都亲自尝验之后才敢献上。就算这样，他仍怕菜肴的滋味不够浓厚，每做一碗汤，都要杀三五只鸡。没想到，宴席撤下来的时候，李鸿章的仆人传话给他说："你们进献的菜肴，李中堂确实吃不下去，已经挨饿了。"这位官员十分惶恐，就召来厨师，对他们又是呵斥又是告诫。于是，菜肴的滋味更加浓厚，做一碗汤要用掉五只鸡，其余的菜色用料也大体如此，地方官自认为没有失职的地方。不料，李鸿章的仆人又下令将地方官进献的菜肴撤出来，而且还厉声斥责说："确实不堪食用，李中堂更加挨饿了。"地方官愈加惶恐，无计可施。有人指教他说："李中堂出巡，一定带着自己的厨师。何不请中堂的厨师代为料理宴席？再用重金酬谢他，事情一定就顺利了。"地方官恍然大悟，派人辗转请托李鸿章的厨师，并预先以重金相赠，再三恳求，厨师才答应。地方官因为想知道这位厨师究竟有什么秘方，于是亲自去厨房察看。然而，却看到这位厨师只用一只鸡煮汤，汤一煮好，厨师就端起来喝光，然后再往煮汤的锅里掺水，并将煮的这种汤放入其他的菜肴里。地方官十分惊骇，说："我用三、五只鸡烹制一碗汤，中堂大人还说不堪食用，你难道将这种汤进献给大人吗？"厨师斜眼看着地方官，笑着说："如果像你说的那样，他在外面喝了这么好的汤，将来回到官署时，我该做什么东西给他吃呢？"地方官这时才醒悟过来，原来自己前番多次被为难，都是李鸿章的仆人与厨师串通所为。

鸡汁浸布以为汤

　　同治、光绪年间，杭州有一位姓潘的厨师，以擅长烹调闻名。起初，溧阳人姚季眉担任仁和县令时，对其加以奖励提拔。杨昌濬当时担任杭州知府，也非常赏识他。后来，杨昌濬擢升陕西巡抚，潘厨师献给他几匹粗布和一些冬菇。杨昌濬问他说："冬菇，我知道里面浸满了酱油，味道非常好。但为什么要给我粗布呢？"潘厨师答道："小人献给您的不是普通粗布，而是在鸡汤里浸泡之后再烘干的粗布。大人您前往北方，也许路上会在人烟稀少的偏远之地歇脚，不能经常吃到美味佳肴，可以剪下一块布扔进沸水里，与鸡汤没什么两样。"杨昌濬试了试，果然如此，对他大加称赏。

蛋汤

烹制蛋汤的方法有两种，一种只用蛋白，一种则蛋白、蛋黄混用。只用蛋白的蛋汤，也称为碎玉汤。选用熟鸡蛋白，将其切成方、圆、长、短及尖角等各式各样的小块，倒入鸡汤里，再加上香菇、笋片，煮沸起锅，加少许盐。蛋黄蛋白混用的蛋汤，也称为蛋花汤，将蛋液倒进碗里调匀，倒进鲜美的沸汤中，略微加一点盐、火腿丝、虾米，用锅铲划开，使蛋花不凝合成一团，再煮至沸腾就熟了。这两种方法都最好使用宽汤，多加汤水。

奕谅以溺饮其傅

惇郡王奕谅，是道光皇帝的儿子。他性情高傲，不爱读书。有一天，他的师傅急着监督他念书，他却忽然不知跑到哪里去了，师傅派遣他的内侍到处寻找他。过了很久，奕谅自己从正大光明殿走了出来。还有一天，他亲手端了一杯茶献给师傅说："我天性顽劣愚钝，屡次得蒙师傅教诲，心中非常感动，因此向您献茶。"师傅喝了他的茶，发现茶里掺有小便，大怒。恰好这时道光皇帝来了，问师傅说："您是因为五阿哥不好好学习而生气吗？"师傅说："不是。五阿哥赐给微臣一杯茶，这茶颇有异味，请皇上您闻一闻。"道光帝闻了之后，大怒，奕谅因此被贬。

粥

粥有普通与特殊的区别。普通的粥，南方人经常吃的，有粳米粥、糯米粥、大麦粥、绿豆粥、红枣粥；北方人经常吃的，有小米粥。特殊的粥，有的加燕窝，有的加鸡茸，有的加鸭肉片，有的加鱼块，有的加牛肉，还有的加火腿。广东人烹制的粥最为精致，有滑肉鸡粥、烧鸭粥、鱼生肉粥等。这三种粥里，都添加了猪肝、鸡蛋等食材。此外，还有一种冬菇鸭粥，用冬菇煨煮鸭子，与粥分别盛放在不同的碗里。

客至不留饭

浙江东部的宁波、绍兴等地，家里只要来了客人，又恰好遇到将要开饭的时候，一定要留客人吃饭，而且每次吃饭必先喝酒。就算是临时有客人来，虽然来不及准备专门待客的好菜，也一定会坚持留客人吃饭，并殷勤劝菜。意思是只有让客人吃饱了肚子，才能任由他告辞。杭州城外的人也遵循这种风俗。但杭州城里人的却不这样，家里来了客人，宾主一起谈话，如果恰好到了吃午饭、晚饭的时候，主人的家人一定会说："时间到了，要吃饭了。"说这话的时候，一定是高声呼喊，委婉提醒客人。客人到了这时，自然会起身告辞而出。然而主人送客人出门的时候，还一定要说："怎么不留在这里吃饭呢！"客人也明白其中的意思，必定谦辞道谢再离去。

左文襄喜左家面

扬州新城校场街，有一间左家面铺，自从咸丰、同治年间以来，已历经两朝。左宗棠还是举人的时候，北上路过扬州，曾经品尝过左家面铺的面，一直无法忘怀那种鲜美的滋味。等到左宗棠担任两江总督，巡视军务路过扬州，地方官为他准备宴席，向他身边的人打听他的喜好。身边的人说："左公曾经说过，扬州左家面铺的面非常好吃。"当时，扬州城里面馆众多，却没有这家店，扬州的地方官就命令厨师将冒充左家面铺做的面进献给左宗棠。左宗棠虽然没有当面说破，但散席以后还是私下对人说，这碗面不是真正的左家面铺所制。从此，"左面"之名脍炙人口。

宣宗思片儿汤

　　道光皇帝最为崇尚俭朴的品德，所以道光年间内务府每年的开支总额，不超过白银二十万两，内务府各位主事官员都抱怨说自己和东方朔一样，快要饿死了。一天，道光皇帝想吃片儿汤，命令御膳房进献。第二天清晨，内务府就上书奏请在御膳房内设置一个部门，专门供应这道菜，而且还要派官员专职管理这个部门，总计开办费用为白银数万两，一年所需的经费又要花费白银数千两。道光皇帝说："不用这么麻烦，前门外有一家饭馆，做的片儿汤最好，一碗只卖四十文钱，可让太监前往购买。"过了半天，内务府官员又上奏说："这家饭馆已经歇业多年了。"道光帝没有办法，只有叹息着说："朕不会为了满足口腹之欲而乱花一文钱。"

小食

　　世人将糕饼、糖果这类非用于正餐而仅在休闲时吃的东西称为"小食"。大约源于《搜神记》所载："管辂对赵颜说：'我卯日小食时一定会到您家里去。'"小食时，就是我们平时所说的点心时间。苏州、杭州、嘉兴、湖州等地人的大多爱吃小食。

茶食

民间把除了热点心以外的糕饼之类称为茶食。这大约源于金代的旧俗，女婿前往岳父家行纳币之礼时，都要预先登门拜见，女婿家的亲戚们与他一同前往，男女分列入座。岳父家招待大家每人吃一盘大软脂、小软脂蜜糕，称为茶食。

乾隆末年，南京城里的茶食店以利涉桥的阳春斋、淮清桥的四美斋最为知名，乘坐画舫出游的人们争相购买这两家的茶食，妓院里的妓女们款待客人、赠送礼物时，也需要买这两家的茶食。阳春、四美两斋，都是嘉兴人开设的店铺，无论是它们售卖的茶食还是店里的装潢，都比南京本地人经营的店铺倍加精美。

馒头

馒头，一名"馒首"，用面粉和制并发酵，蒸熟以后隆起成圆形。馒头里面没有馅料，吃的时候需要搭配菜肴。蜀汉诸葛亮南征孟获，在渡过泸水之前，按照当时的民俗，需要斩杀人头祭祀神灵，诸葛亮下令，杀猪宰羊作为替代品，又在面点上画了人头，用来祭神。馒头之名，起源于此。

包子

南方人所说的馒头，也是用面粉和制、发酵蒸熟以后隆起呈圆形的食物，但它其实是包子。包子这种食物，早在宋代就已经出现了。《鹤林玉露》里说："有位读书人在京城买了一名小妾，这名小妾自称是在太师蔡京府中专门制作包子的厨房里服役的人。一天，读书人让这名小妾制作包子，小妾推辞说自己不会，她对读书人解释道：'妾身是做包子的厨房里专门负责切葱丝的人。'"包子里的馅料，有各种肉类，蔬菜、果品，味道也是咸甜不一。人们只把它当作点心，并不视为正餐所吃的饭食。

烧饼

　　饼，就是用面粉做成的糍粑状食品，以水和面，糅制成饼。其中有一种叫烧饼的最为普遍，南方和北方都有，而且它所能够追溯的历史也最早。关于烧饼的最早记载，大约见于《齐民要术》，该书引用《食经》里的文字，其中有制作烧饼的方法。烧饼有的有馅，有的没有馅。无馅的烧饼也带有咸味。烧饼的表面都洒有芝麻，用火烘焙，略带焦香。

松文清撤馔与人

　　松筠担任两广总督时，有一天设宴请客，准备的菜肴十分丰盛，他的一位幕僚因此多看了两眼。松筠见了，认为这位幕僚垂涎于菜肴的精美，就说："您喜爱吃我这些菜吗？"于是让人从宴席上端了两盘送给他。小仆人觉得很惊讶，就在松筠的座位后面踮起脚尖探看。松筠一回头，恰好看见小仆人的举动，以为他也垂涎这些美味的菜肴，就说："你也爱吃这些菜啊？"于是又让人端走了二盘赏给小仆人，然后用剩下的菜来招待客人。客人心里非常不高兴，松筠也不管这些，喝醉了才散席。

李鸿章杂碎

光绪庚子年间，义和团之乱刚刚平息，李鸿章奉旨出使欧美。他在美国居停期间，因为吃厌了外国的膻腥食物，多次命令华人所经营的中餐馆为他送餐。西方人探问李鸿章所吃的这些菜肴的名目，因为难以一一答对解释，就统称为"杂碎"。从此以后，"杂碎"这道菜名声大噪，仅在美国纽约这一座城市，就开有杂碎餐馆三四百家。除此以外，东部各地如费城、波士顿、华盛顿、芝加哥、匹斯堡等城市也都开有出售杂碎的中餐馆。全美华侨约有三千余人以售卖杂碎为生，总收入可达到白银数百万两。凡是杂碎餐馆里的菜单，无不大书"李鸿章杂碎""李鸿章饭""李鸿章面"等名目。

年羹尧食小炒肉

　　年羹尧由抚远大将军被贬职为杭州将军，府中姬妾四散。杭州的某位秀才得到了年羹尧身边的一名姬妾，据说她是在年府里负责饮食事务的人。这名姬妾自称："我专门负责小炒肉这道菜。大将军每次吃饭，必须要提前一天呈进菜单。如果大将军点了小炒肉这道菜，我就得忙上大半天。每个月这道菜只会被大将军点到一两次。这道菜别人做不了，而我也不管厨房里别的事务。"秀才说："什么时候也做给我尝一尝。"姬妾讥笑他说："年府里炒一盘肉，要用一头大肥猪，只选取其中最好的一块肉。现在您家里买肉，只有一斤来重，怎么做呢?"秀才听了，因此而感到懊丧。

太仓肉松

　　光绪初年，太仓有位姓王的富翁，侍奉母亲极尽孝道。王母酷爱吃肉松，总是因为买不到上好的肉松而不开心。恰好住在王家院子后面的苏氏老妇带着女儿来乞求财物，听说这件事以后，就自荐说她擅长制作肉松。王某让老妇试着做一次，老妇说制作肉松必须得使用整只的猪，王某依从了她。老妇又请求回家去制作，这是为了保守制作肉松的秘方。老妇将做好的肉松进献给王母，王母吃了以后，认为确实是上好的美味。于是王某就送给苏氏老妇衣物、粮食，让她随时制作肉松，确保按时供应。苏氏老妇做好了肉松，便将供应王家之后剩下的产品装在筐里，拿到市场上售卖。时间久了，收入颇丰，于是就招赘了一位货郎的儿子做上门女婿，女婿为老妇人搭建了猪棚，买来猪仔喂养。这时，"肉松苏媪"的名声已经很响亮了，人们趋之若鹜，前来购买。苏氏老妇又买地建房、开设门店。从外地来购买肉松的人也络绎不绝，苏氏老妇就制作了竹筒，以便外地购买者长途携带。除了肉松以外，她还烹制酱骨，这种酱骨就是用制作肉松剩下的猪骨制成的。

盛杏荪食宣腿

云南宣威所产的火腿，比浙江金华所产的火腿滋味更为肥美。宣统年间，有人从云南到上海，将带来的宣威火腿馈赠给盛宣怀，礼单上写着"宣腿"二字。盛宣怀看了很不高兴，因为这触犯了他的名讳。但是因为盛宣怀本人很喜欢吃宣威火腿，所以他家几乎每顿饭都要准备用这种火腿烹制的菜肴。

汪文端食鸡蛋

旗人担任的在京官职，以内务府的待遇最为优厚。太平年间，内务府堂郎中一职，每年的收入可达白银两百万两。就以鸡蛋来说，这一项开支之巨，实在是骇人听闻。乾隆年间，大学士汪由敦有一天接受召见，乾隆皇帝随意问他说："爱卿清晨上朝，在家有没有吃一些点心呢？"汪由敦回答说："微臣家境清贫，每天清晨只不过吃四个鸡蛋而已。"乾隆皇帝听了十分惊讶，说："一个鸡蛋要十两银子，四个鸡蛋就是四十两了。朕尚且不敢如此纵欲，爱卿还自称清贫？"汪由敦不敢说实话，只好编造慌话，答道："宫外所出售的鸡蛋，都是外形残破、不能进贡入宫的，因此微臣才能用很便宜的价钱买到，每个鸡蛋的售价不过几文钱而已。"乾隆听了，这才点点头。

翁叔平食鸡蛋

　　光绪皇帝曾经问翁同龢道："南方的菜肴十分美味，师傅您平时吃些什么菜呢？"翁同龢回答说，自己常吃鸡蛋。光绪皇帝听了，十分惊诧。因为御膳房如果采购鸡蛋，每个鸡蛋要花费四两银子，所以光绪皇帝不能常常吃到鸡蛋。比起乾隆朝来说，光绪帝的御膳房所采购的鸡蛋已经算便宜的了。

李倩为食腌鸭尾

广东省南海县有一位举人名叫李樗，字倩为，特别爱吃腌制的鸭屁股，每顿饭都要吃这道菜。他的家人用鸭子给他做菜时，都是割取鸭屁股而弃用其他部位。每次碰到亲朋好友设宴款待，如果桌上没有鸭屁股，他就认为主人对自己不恭敬，于是愤然告辞，纵然面前摆满了山珍海味，也绝不肯动筷子。佛山镇有一户富豪人家，经常设宴聚饮，后厨一片狼藉，每天所用的腌鸭数以十计。这位富豪嫌鸭屁股有膻味，下锅以前，就命令家里的仆人将鸭屁股割下来投到墙外。李樗听说这件事以后叹息道："把璀璨的珍珠扔到粪土里，令珍贵的玉璧沾染污泥，天底下怎么会有像这样违背人类本性的乡巴佬呢！世人不重视珍宝，我不忍心将它丢弃在地上。"于是他就举家搬迁，与这位富豪结邻而居，每天享用他家的腌鸭屁股。

张瘦铜赵云松食鲟鳇鱼

邵齐然的夫人擅长烹制鲟鳇鱼头。张埙与赵翼曾经半夜买了鱼,大声敲他家的门。这时,邵氏夫妇已经就寝。邵齐然听到敲门的声音,起床一看是他们,不得已开了门,让自己的夫人起床下厨。等到鱼做熟了,又命人端来美酒,这时天已经亮了,三个人因此哈哈大笑。

庆年嗜鳖

庆年曾经出任两广总督，他最喜欢吃鳖，几乎每顿饭都要有这道菜，因此给他送鳖的人络绎不绝。有一位县令听说庆年喜欢吃鳖，有一天，恰好有渔民献上一只巨鳖，体型硕大、超乎寻常，县令见了十分高兴，就用很大的瓷盂郑重封好，专门派人快马送给庆年。庆年不知对方所馈赠的是什么珍贵的宝物，就细看瓷盂上题写的名目，只见上面写着很大的"两广总督部堂庆"的字样，打开来一看，却是一只鳖。庆年大怒，认为这是对自己无礼，严厉地告诫了这名县令。县令惶恐不安，手足无措，只得献上重金，才免于获罪。

食蟹重黄

　　古人吃螃蟹，一定会说"持螯"，大概是认为螯是整只螃蟹滋味最为肥美的部位吧？现在的人吃螃蟹，则看重蟹黄。蟹黄在蟹壳里，滋味十分鲜美，远胜于"八跪"（所谓跪，指蟹足）。重视蟹黄的这种吃蟹风尚，大概是对于《清异录》中记载刘承勋所说的"十万蟹足也比不上一个大蟹黄"有所领悟吧。

李文忠食芸薹菜

　　武昌洪山所出产的芸薹菜十分美味，李鸿章很喜欢吃这种菜。他担任直隶总督时，曾经命人挖取洪山的土壤，运到天津，用于种植这种菜。但因为是易地种植，所以失去了这种蔬菜本来的味道，就好像橘树生成在淮南，去了淮北就成了难吃的臭橘了。

煎豆腐

乾隆二十三年，袁枚和金农在扬州程立万家吃煎豆腐，惊叹其烹调手艺精美绝伦。程立万家煎的豆腐两面焦黄，一滴卤汁也没有，微微带一些蝉螯的鲜味，然而盛这道菜的盘子里却并没有蝉螯或其他的食材。第二天，他们把这件事告诉查开，查开说："我能做这道菜，我专门做好请你们吃吧！"后来，他们就和杭世骏一起到查开家吃饭，三人举着筷子大笑了起来，查开家所煎的豆腐完全用鸡胸肉、雀胸肉制成，并不是真正的豆腐，味道肥腻，难以下咽。查家这道菜的花费比程立万家高十倍，但味道却远远比不上程家。

朱文正劝客食豆腐

　　朱珪曾经留自己的门人吃便饭。他平日用餐，本来只有两道菜，这一天，有一位门人前来拜见，朱珪留他吃饭，特意为他加了两道菜，于是饭桌上就有了一道肉菜、一条鱼、一盘蔬菜、一碗白水煮豆腐。朱珪对这位门人说："豆腐是清雅的菜品，绝不能用油、盐、酱、醋来调和。这是最美味的东西，可以多吃。"于是他频频用汤勺舀取豆腐，放在饭里。

媪食菌而笑

有一种菌子，误食以后会得干笑疾，人们给它起名为"笑矣乎"，却不曾提及误食这种菌子是可以致命的。然而这种菌子确实有毒，人吃了以后笑而不止，时间长了必定会死。光绪年间，吴下马医科巷的俞樾家有一户姓潘的邻居，潘家有位老妇人，是潘某的岳母，这位老妇人吃了菌子后，觉得肚子不舒服，就躺在床上休息。不久，就痴痴地笑了起来，又过了一会儿，又大笑起来，她惊恐地对自己的女儿说："完了完了，我误吃了'笑菌'，快要死了。"她虽然说着这样的话，但仍然止不住大笑。没过一会儿，忽然起身站立，又马上仆倒在地，趴在地上狂笑起来。她的女儿见状，不由惊惶失措。因为俞樾家经常将药品馈赠给邻居们，所以潘家人亲自登门向俞樾求救。俞樾查阅了经验良方，发现对于误食笑菌的病人，用薛荔煎汤可以医治。恰好墙头上有这种植物，就采了一束煎汤送给潘家。老妇人喝下薛荔汤剂以后，笑声立刻就止住了，病就治好了。

蜜煎

用蜂蜜浸制的果品，俗称为蜜煎，大约是源于吴自牧《梦粱录》所载"除夕，内司意思局进呈精巧消夜果品盒，盒内装着各种细果、时果、蜜煎、糖煎等果品"。由此可知，早在宋代就已经有了蜜煎之名了。后来，又改名为蜜饯。顺治、康熙年间，滇西地区有很多蜜饯类的食物，因为当地的蜂蜜产量很高。当地人捉到了大蜂，就把长线系在蜂腰上，用有颜色的纸作标识，迎风放蜂，然后集合众人扛着挖土的工具跟着蜜蜂翻山越岭，等到蜜蜂钻入土洞里，人们就追寻蜜蜂行进的路线进行挖掘。蜜蜂的巢穴像城市一样大，每次挖掘蜂巢总是能收获数百斤蜂蜜，所以当地人常常用蜜渍的槟榔、香附、橙、柑、木瓜、香橼、梅、李、川芎、瓜、茄等食物招待客人，还用酒泡制蜜蜂馈赠亲友。到了同治、光绪年间，蜜饯在江浙一带风行，但人们公认苏州稻香村所制的蜜饯最好。

张文襄嗜荔枝

　　张之洞喜欢吃新鲜的荔枝，他担任湖广总督时，曾经让广东增城的县令收购了一万颗荔枝，埋在高粱里，装入瓷坛内，寄往湖北。这些瓷坛运到芜湖时，被当地收税的关卡拦截，全部充公。当时这里负责收税的官员是袁昶，他忽然接到张之洞的加急电报，电报稿译出之后，约有一百多字，说的就是遗失荔枝的这件事。袁昶知道荔枝已经被驻守关卡的兵丁们分食了，于是只好派人去上海如数采办以补偿给张之洞。

曾文正嗜辣子粉

　　曾国藩担任两江总督时，属下有位官员非常想揣测他在饮食方面的喜好，想要以此来讨好他，于是就偷偷贿赂了曾府的厨师。厨师对这位官员说："您应该准备什么食物，就准备什么食物，不要过于穿凿。每道菜肴端上去以前，让我预先看看就行了。"不久，端上来一碗官燕，官员请曾府的厨师检察。厨师拿出一只湘竹管向着碗里乱洒一通，官员急忙责问他，他回答说："辣子粉是曾大人每顿饭都不能少的东西，只要有了它，这道菜就可以博得大人的褒奖了。"后来曾国藩的反应，果然和他家厨师说的一样。

饮食丛钞

原文

饮料食品

饮，咽水也。茶、酒、汤、羹（汤之和味而中杂以菜蔬肉臛^①者，曰羹）、浆、酪之属，皆饮料也。食，以有定质之物入口，间或杂有流质，而亦最居少数者也。然所谓食品者，有时亦赅^②饮料而言，盖人所以养口腹之物，皆曰食也。

────────────── 【注释】 ──────────────

① 臛（huò）：肉羹。

② 赅（gāi）：概括，包括。

饮食之所

饮食之事，若不求之于家而欲求之于市，则上者为酒楼，可宴客，俗称为酒馆者是也。次之为饭店，为酒店，为粥店，为点心店，皆有庖①，可热食。欲适口欲果腹者，入其肆，辄醉饱以出矣。

上海之卖饭者，种类至多。饭店而外，有包饭作，孤客及住户之无炊具者，皆可令其日备三餐，或就食，或担送，惟其便。有饭摊，陈列于露天，为苦力就餐之所。有饭篮，则江北妇女置饭及盐菜于篮，携以至苦力麇集②之处以饷之者也。

【注释】

① 庖（páo）：指厨房。

② 麇（qún）集：群集，聚集。亦作"麕集"或"麏集"。

饮食之研究

饮食为人生之必要，东方人常食五谷[1]，西方人常食肉类。食五谷者，其身体必逊于食肉类之人。食荤者，必强于茹素[2]之人。美洲某医士云，饮食丰美之国民，可执世界之牛耳[3]。不然，其国衰败，或至灭亡。盖饮食丰美者，体必强壮，精神因之以健，出而任事，无论为国家，为社会，莫不能达完美之目的。故饮食一事，实有关于民生国计也。其人所论，乃根据于印度人与英人之食品各异而判别其优劣。吾国人苟能与欧美人同一食品，自不患无强盛之一日。至饮食问题之待研究者，凡十七端。

【注释】

① 五谷：五种谷物，具体所指，说法不一，或指麻、黍、稷、麦、豆，或指稻、黍、稷、麦、菽。

② 茹素：指不沾油荤、吃素。茹，吃。

③ 牛耳：古代诸侯会盟，割牛耳取血，置牛耳于盘，由主盟者执盘分尝诸侯为誓，以示信守。后世遂以"执牛耳"指代在某方面居于领袖地位者。

一，人体之构造。二，食物之分类。三，食品之功用。四，热力之发展。五，食物之配置。六，婴孩与儿童之饮食。七，成人之饮食。八，老年之饮食。九，食物不足与偏胜之弊。十，饮食品混合与单纯之利弊。十一，素食之利弊。十二，减食主义与废止朝食之得失。十三，洗齿刷牙之法。十四，三膳之多寡。十五，细嚼缓咽之必要。十六，饮食法之改良。十七，牛乳与肉食之检查。

饮食以气候为标准

　　人类所用之食物，实视气候之寒暖为标准。如气候寒冷时，宜多食富于脂肪质之动物类，饮料则宜用热咖啡茶及椰子酒。欲为剧烈之筋肉[1]运动，如畏寒，则饮酒一杯，或饮沸水均可。至炎热时，宜多食易于消化之植物类，取其新鲜者，腌肉等则不可多食，饮料须多，以沸而冷者为宜，不宜饮酒。若悉任一己之所嗜，无论何时，皆取同样之食物，则缺乏植物质而消化不良，遂成坏血症矣。预防之物，以柠檬汁为最佳。总之，气候变化，食物亦宜更易，断不能一成而不变也。

【注释】

① 筋肉：指肌肉。

西人论我国饮食

　　西人尝谓世界之饮食，大别之有三。一我国，二日本，三欧洲。我国食品宜于口，以有味可辨也。日本食品宜于目，以陈设①时有色可观也。欧洲食品宜于鼻，以烹饪时有香可闻也。其意殆以吾国羹汤肴馔之精，为世界第一欤？

雅趣小书

【注释】

① 陈设：摆设、装饰，此处当指食物的摆盘。

各处食性之不同

　　食品之有专嗜者，食性不同，由于习尚[1]也。兹举其尤[2]，则北人嗜葱蒜，滇、黔、湘、蜀人嗜辛辣品，粤人嗜淡食，苏人嗜糖。即以浙江言之，宁波嗜腥味，皆海鲜。绍兴嗜有恶臭之物，必俟其霉烂发酵而后食也。

【注释】

---

① 习尚：风尚。

② 尤：此处指特异的、突出的。

日食之次数

我国人日食之次数，南方普通日三次，北方普通日二次。日食三次者，约午前八时至九时为早餐，十二时至一时为午餐，午后六时至七时为晚餐。朝餐恒用粥与点心，午餐较丰，肉类为多，晚餐较淡泊[1]。而昼长之时，中等以上之人家，又有于午后三四时进点心者，其点心为糕饼等物。日食二次者，朝餐约在十时前后，晚餐则在六时前后。朝餐多肉类，晚餐亦较淡泊。而早间起床后及朝晚餐之中，亦进点心，多用饼面及茶。普通饭食，半皆一次面饭一次米饭。商店有日食三次者，则无点心。至富贵之家，迟起晏寝[2]，有日食四次而在半夜犹进食者，则为闲食[3]之习惯，非普通之风俗矣。

【注释】

① 淡泊：清淡寡味。贾思勰《齐民要术·五谷果蓏菜茹非中国物产者》云："蒸食，其味甘甜。经久，得风，乃淡泊。"

② 晏寝（yàn qǐn）：晚睡。晋潘岳《秋兴赋》序："凤兴晏寝，匪遑底宁。"

③ 闲食：消闲的食品。

沪丐之饮食

　　人所恃以生存者，衣食住也。而以沪丐生活程度之与中人较，所不及者，衣与住而已，食则相等。盖沪多食物之肆，中西餐馆，固非乞丐梦想之所及，而若饭馆，若粥店，若面馆，若糕团铺，若茶食店，若熟食店，若腌腊店，果挟百钱以往，即可择而啖之，故常有乞丐之踪迹焉。以饭馆言，饭每碗售钱二十文，盐肉每碗售四十文。以粥店言，粥每碗售十文，盐菜每碟不及十文。以面馆言，肉面、鱼面每碗售四十五文。以糕团铺言，糕团每件售五文、七文。以茶食店言，饼饵糖食有可以十文、五文购之者。以熟食店言，酱肉五十文可购，酱鸭三十文可购，火腿百文可购。以腌腊店言，猪头肉每件售七文，盐鸭卵每枚售十五文。沪丐日入至少者，亦得钱百余，如是而欲求一日之饱，何所不可。且中西餐饭馆食客之所余，有时亦为乞丐所享受。盖食客既果腹而行，其席次所余之羹肴，餐馆役人往往从而检之，杂投于釜，加以烹饪，而置之碗中以出售，曰剩落羹，与食肆中所售之全家福、十锦菜略相等，每碗仅售十钱，亦自为乞丐所易得者也。而此羹有时尚有零星之燕菜①、鱼翅在其中焉。吾恐中流社会之人，或有终身不得一尝，而将自悔其不为丐矣。

至若鸦片烟之计箬②也，箬仅售钱数十文。纸烟之计枝也，枝仅售钱三四文。茶酒之计碗也，碗各仅售钱十文。丐之得此，自尤易矣。

沪丐岁入款之多者，或四五倍于督抚③之俸。盖督抚之俸，岁仅银一百四十两也。以塾师之束修④、店伙之薪水拟之，诚有不可同年而语者矣。

【注释】

① 燕菜：即燕窝。

② 箬（ruò）：一种竹子，叶大而宽，可编竹笠，又可用来包棕子。此处指箬叶。

③ 督抚：总督和巡抚，明清两代的地方最高行政长官。

④ 束修：此处指学生致送教师的酬金。

　　且丐之日用，仅为食，无妻孥①之累，无衣住之费，无明日之计。以其所得，悉耗之于口，犹不能餍刍豢饫肥甘②乎？金奇中久于沪，尝至公共租界之僻地，见有群丐席地而坐，肥鱼大肉，恣为饮啖者，有三四起，即其证也。

　　奇中又尝见有自山左③流转至沪之丐矣，男女各一，若夫妇，挈一可十龄之幼女蹲于地，男女持大瓢之糠核④而咽之，其女则食败絮。非岁饥而已若此，以是益知大无之岁，草根树皮之可贵也。

【注释】

① 妻孥（nú）：妻子和子女的统称，犹言"妻小"。

② 餍（yàn）：吃饱。刍豢（chú huàn）：指牛羊猪狗等牲畜。饫（yù）：饱食。肥甘：指肥美的食品，亦形容滋味鲜美。

③ 山左：旧时山东省的别称。

④ 糠核：谷糠中的坚粒，比喻粗恶的饮食。

闽人之饮食

闽人所饮之酒曰参老，曰淡老。其烹饪时所加之调料，少酱油而多虾油，盖以微腥为美也。红糟亦常用之。至于鸡，他处率谓雌鸡益人，而雄者易发宿疾[1]，价亦雌贵于雄。闽则异是，谓雌鸡于人无甚滋养，而雄鸡则大补益，故雄鸡之价，每高过于雌者三之一。中人之家，产妇以食雄鸡百只为尚。且如小儿痘疹[2]后，及久病之人，率以雄鸡为调养要品，皆他处所闻而咋舌[3]者也。然西人以鸡类为补品，雄者尤健全，闽俗正自不误也。

闽中虾蛄[4]长二寸许，味与虾类，而形则大异，即江淮间呼为虾蟞者。人亦不甚珍视，寻常人家往

【注释】

① 宿疾：久治不愈的疾病，旧病。

② 痘疹：因患天花出现的疱疹。

③ 咋（zé）舌：咬舌，形容吃惊、害怕。

④ 虾蛄（gū）：俗称皮皮虾，也叫濑尿虾。

雅趣小书

往食之，不与珍错①列也。以葱酒烹之，佐酒颇佳。

肩担熟食而市者，人每购而佐餐，为各地所恒有。至随意啖嚼之品，惟点心、糖食、水果耳。闽中则异是，鸡鸭海鲜，烹而陈列担上，并备酱醋等调料，且有匕箸小凳，供人坐啖，沿街唱卖，与粤中同。其后则上海亦有之矣。

肆中恒市一种海鲜，切碎，以碗盛之，土音曰号。其壳与蟹同色，状如覆瓢，上有数小孔，尾三棱如矛头，伏地行极速，仰其体而视之，则对生十二足，中具如钩刺者，无虑数百，即其口也。更有如蟹脐者多片，附属于后，为状至可畏。土人谓切之颇不易，手或为其钩刺所中，皮肉即糜碎。仰之，即不易转动，以刀就四围划之，始毙。其壳至坚，虽刀斫，亦不易入。闽人初亦不知其能供口腹也，侯官沈文肃公①葆桢识其名，取以佐馔，众始知其可食，后即成为佳品矣，并知此物即鲎②，《山海经》《岭表录异》诸书纪之颇详。

马江去海仅八十里，故海鲜至伙。文蛤也，香螺也，珠蚶也，江瑶也，虽谓之曰珍错，尚不足异。惟有一物如蜈蚣，色绿而多足，长寸许，以油炙之，和盐而食，云出之水中，岁仅春秋分前后三日有之，颇珍贵。惟初食者，必通身发肿，数日再食，即无虑。

【注释】

① 沈文肃公：沈葆桢，原名沈振宗，字幼丹，又字翰宇，谥文肃，福建侯官人（今福建福州），清末名臣。

② 鲎（hòu）：节肢动物，甲壳类，生活在海里，尾坚硬，形如宝剑，肉可食用。

太平人之饮食

四川太平之男女，皆喜饮酒，日夕必尽醉。尤嗜茶，晨起即啜之，亦视酥油奶茶为要需。牛羊肉为常馔，豕肉亦脔^①以为羹，惟病毙者及犬马之肉皆不食。而视米为至贵极罕之品，则以太平多风，稻不易实之故。故非父母病笃，不以作饭。食无定时，饥即食之。其主要品为糈^②巴，盖先煮水作汤，盛于木碗或土缶^③，以指调之者也。

滇人之饮食

　　滇人饮食品之特异者，有乳线，则煎乳酪而抽其如丝者也。有饧枝，则调糯芋之粉而沃①以糖缀以米也。有鬼药，则屑蒟蒻②以为之也。有蓬饵，则杂缕饼饵而曝于日中也。

【注释】

---

① 沃：浇。

② 蒟蒻（jǔ ruò）：即魔芋。

宁古塔人之饮食

宁古塔人之饮食品，康熙以前以稗子为贵人食，下此皆食粟，曰粟有力也。不饮茶，无陶器，有一磁碗①，视之如重宝，久之亦不之贵矣。凡器，皆木为之。高丽制者精，复难得，大率出土人手。匕②、箸、盆、盂，比比皆具，大至桶瓮，高数尺，亦自为之。

有打糕，黄米为之精。有饼饵，无定名，入口即佳也。多洪屯有蜂蜜，贵人购之以佐食，下此不数数得。盐则取给于高丽，每十月，译使③至宁古，昂邦章京檄牛彔④，督市盐者以行，给其仆马，至

【注释】

① 磁碗：即瓷碗。磁，瓷的俗字。

② 匕：此处指古代一种取食器具，长柄浅斗，状如汤勺。

③ 译使：出使外国或外国来中国负责传译的使者。

④ 昂邦章京、牛彔：清代官名。清顺治十年（1653年），改宁古塔驻防官为昂邦章京，与盛京昂邦章京同为镇守一方之最高官员。章京，满语音译，清代早期为武官的称呼，后不限于称武官。牛彔，即牛录，清八旗组织的最早基层单位，起源于满族早期集体狩猎组织。每牛录设统领官一人，称"牛录额真"。

高丽之会同府。会同去王城尚三千里，荒陋犹宁古也。其国亦遣官与我使授受，交易盐及牛、马、布、铁，复还。凡五六十日而始竣事。问其官，亦以供应为苦。满人得盐，乃高价以售之于汉人，惟退而自啖其炕头之酸齑[1]水。菜将霜，取而置之瓮，水浸火烘，久而成浆，曰胜盐多多许。

【注释】

---

[1] 酸齑（jī）：切成细末的咸菜。

藏人之饮食

藏人饮食，以糌粑[1]、酥油茶为大宗，虽各地所产不同，然舍此不足以云饱。人各有一碗，纳于怀。食毕，不洗涤，以舌舐之，亦纳之怀中。其食也，不用箸而用手。日必五餐，餐时，老幼男女环坐地上，各以己碗置于前，司厨者以酥油茶轮给之，先饮数碗，然后取糌粑置其中，用手调匀，捏而食之。食毕，再饮酥油茶数碗乃罢。惟晚餐或熬麦面汤、芋麦面汤、湾豆汤、元根汤[2]。如仍食糌粑，亦须熬野菜汤下之，或以奶汤、奶饼、奶渣下之。食牛肉则微煮，不熟也。牛之四腿，悬于壁，经霜风则酥，味颇适口。其杀牛羊，不以刀而用绳，故牛羊血悉在腹中。将血贮于盆，投以糌粑及盐，调和之，以盛于牛羊之大小肠，曰血灌肠，微煮而分啖，或赠亲友，盖

【注释】

① 糌粑（zānba）：藏族牧民传统主食之一。青稞麦炒熟后磨成的面，用酥油茶或青稞酒拌和，捏成小团食用。

② 湾豆：即豌豆。元根：即芜菁（wú jīng），一年生或二年生草本植物，块根肉质，或用来泡酸菜，或作饲料，高寒山区亦用以代粮。

以此为上品也。

藏人又嗜酒，酒两种，一名阿拉，如内地之白酒；一名充（去声），如内地之甜酒，皆自造，味淡而性烈。不食鳞介[1]、雀鸟之类，以鳞介食水葬死尸，雀鸟食天葬死尸故也。间亦食兽肉，惟不善食饭，即食，至多亦仅两木碗而已。

至其饮食资料之制造，今说明之。青稞糌粑者，青稞形如麦，有黑白二种，锅中炒炮，磨而成面，不过罗，即为糌粑。酥油，用牛奶数盆，盛于酱桶，即木桶也，以木杖打之，经千数百下，酥油即浮于上，然后投热水少许，用手掬之，酥油即应手成团矣。惟须黄牛之奶，水牛奶不用。酥油茶者，熬茶一鼎，投白土[2]少许，茶色尽出，以茶置酱桶中，

【注释】

① 鳞介：泛指有鳞和介甲的水生动物。

② 白土：此处当指碱。

再投盐少许，酥油少许，用木杖打之，经数千下，即酥油茶。此茶为雅州所产大茶，非汉人所饮之春毛红白茶也。奶汤、奶饼、奶渣、奶子，既取出酥油，精华去矣，然不弃，以之盛于锅，用活火①熬之，贮于罐，经数日，味变酸，即奶汤。将奶汤用布包之，经数日，水滴干而布包中成团者，即奶饼。奶饼既久，遂散为奶渣。此如内地之点豆腐，酥油奶，如豆腐，即饼；奶渣，即豆渣也。阿拉及充，与内地之酒无异，但未蒸者即充，已蒸者即阿拉。

【注释】

① 活火：明火。

150

苗人之饮食

苗人嗜荞，常以之作餐。适千里，置之于怀。宴客以山鸡为上俎^①。山鸡者，蛇也。又喜食盐，老幼辄撮置掌中，时餂^②之。茶叶不易得，渴则饮水。

乾州红苗，日三餐，粟、米、杂粮并用。渴饮溪水。客至，煮姜汤以进。不识五味，盐尤贵，视若珍宝。

黑苗在都匀、八寨、镇远、清江、古州。每十三年，畜牯牛，祀天地祖先，曰吃枯脏。又以猪、鸡、羊、犬骨杂飞禽，连毛脏置瓮中，俟其腐臭，曰醡菜。食少盐，以蕨灰代之。

【注释】

---

① 俎（zǔ）：古代祭祀时放祭品的器物，也指切肉或切菜时垫在下面的砧板。此处代指肉、菜等食物。

② 餂：通"舔"。

董小宛为冒辟疆备饮食

冒辟疆①饮食不多，而于海错②及风熏之品、香甜之味，皆所凤嗜，又喜与宾客共之。其姬人董小宛知其意，辄为之一一备具，以佐盘餐。

火腿久者无油，有松柏之味。风鱼久者如火腿肉，有麂鹿之味。他若醉蛤如桃花，醉鲟骨如白玉，油螖如鲟鱼，虾松如龙须，烘兔、酥雉如乾饵，可以笼而食之。菌脯如鸡塅③，腐汤如牛乳。细考食谱，四方郇厨④中一种偶异，即加访求，而又以慧巧变化为之，故莫不奇妙。

至冬春水盐诸菜，能使黄者如蜡，碧者如苔，蒲、藕、笋、蕨、鲜花、野菜、枸蒿、蓉菊之类，亦无不采入食品，芳旨盈席。

--------------------------------- 【注释】 ---------------------------------

① 冒辟疆：冒襄，字辟疆，号巢民，一号朴庵，又号朴巢，江苏如皋人，"明末四公子"之一，有《先世前征录》《朴巢诗文集》《水绘园诗文集》《影梅庵忆语》《寒碧孤吟》《六十年师友诗文同人集》等传世。

② 海错：海产品。

③ 鸡塅（zōng）：即鸡枞，云南特产，一种野生菌类。

④ 郇（huán）厨：唐人韦陟，袭封郇国公，其人性侈纵，穷治馔羞，厨中多美味佳肴。后世遂以"郇公厨"称膳食精美的人家。

戴可亭之饮食

戴可亭①相国任四川学政时，得疾似怯症②。成都将军视之，告以有峨嵋山道士在省，曷倩治之。因邀道士至署。道士谓与其有缘，病可治。因与对坐五日，教以纳吸之法，由是强健。道光乙未年九十矣，精神步履如六十许人，惟重听③耳。人问及饮食，言每日早饭时食稀粥半茶碗，晚餐时食人乳一浅碗。曰："即此饱耶？"戴拍案大声曰："人须吃饱耶？"年九十六卒。

【注释】

① 戴可亭：戴均元，字修原，号可亭，江西大庾人，乾隆四十年进士，授翰林院编修、安徽学政、光禄寺少卿、内阁学士兼礼部侍郎、河道总督、都察院左都御史以及礼、吏两部尚书等职，72岁授协办大学士，75岁任文渊阁大学士。时人遂以"相国"称之。

② 怯症：中医称血气衰退、心内常恐怯不安的一种病，俗称虚劳病。

③ 重（zhòng）听：听觉迟钝、听力下降。

施旭初以爆羊肉下酒

安吉施旭初，名浴昇，同、光间人，工举艺，淹雅可谈，顾癖嗜阿芙蓉①，刍狗②尘事，不自洁。尝以春闱③下第留京，与其友同寓会馆④。某日，施约阅市，归途，购爆羊肉，为下酒计，裹以荷叶，索而提之。肉浮于叶，俄迸出，坠于地。方相助掇拾，仍纳叶中，施曰："勿庸。"时届秋末，施已絮其

【注释】

① 阿芙蓉：鸦片，俗称"大烟"。

② 刍（chú）狗：古代祭祀时用草扎成的狗，祭祀以后被丢弃。《老子》云："天地不仁，以万物为刍狗；圣人不仁，以百姓为刍狗。"

③ 春闱（wéi）：唐宋礼部试士和明清京城会试，均在春季举行，故称春闱。犹言"春试"。

④ 会馆：明清时期都市中由同乡或同业组成的民间团体，北京城里的多数会馆主要为同乡官绅、科举应试者居停聚会之所，又称"试馆"。

袍，缎制也，且新制，则撰其前幅，若为袱，左手摄衣两角，右匊①肉而兜之，夷然洒然，意若甚得者。既入其室，则抖而委之于榻，狼藉而咀嚼之，且以属客，客谢弗遑也。客呼馆人以盘至，则朵颐②者泰半矣。

───────────【注释】───────────

① 匊（jū）：满握，满捧。
② 朵颐：鼓腮嚼食。

皇帝御膳

皇帝三膳[1]，掌于御膳房，聚山珍海错，书于牌，除远方珍异之品以时进御外，常品如鸡、鱼、羊、豚[2]等，每膳皆具，必双，御膳房主之。

------------------------【注释】------------------------

① 膳：进食，吃饭。

② 豚：小猪，亦泛指猪。

圣祖一日二餐

张文端公鹏翮尝偕九卿奏祈雨[1]，圣祖览疏毕，曰："不雨，米价腾贵，发仓米平价粜[2]穇子米，小民又拣食小米，且平日不知节省。尔汉人，一日三餐，夜又饮酒。朕一日两餐，当年出师塞外，日食一餐。今十四阿哥领兵在外亦然。尔汉人若能如此，则一日之食，可足两食，奈何其不然也？"文端奏云："小民不知蓄积，一岁所收，随便耗尽，习惯使然。"圣祖云："朕每食仅一味，如食鸡则鸡，食羊则羊，不食兼味[3]，余以赏人。七十老人，不可食盐酱咸物，夜不可食饭，遇晚则寝，灯下不可看书，朕行之久而有益也。"

【注释】

① 张文端公：张鹏翮，字运青，号宽宇、信阳子，谥文端，清康熙九年（1670）进士，历仕康熙、雍正二朝，为清代名臣。九卿：古代中央部分行政长官的总称。

② 粜（tiào）：卖粮食。

③ 兼味：指两种以上的菜肴。

高宗在寒山寺素餐

高宗喜微行①，在位六十一年，尝微行出京，时疆臣颇惴惴，以帝行踪隐秘，恐诇察也。顾帝所至，辄诫知其事者不得供张②。一日，携二监微行，张文和公③廷玉从之。至苏州，时巡抚为陈大受，大受故识文和，惊其突至，文和耳语大受曰："衣湖色夹袍者，圣上也。"大受不知所出，遽上前跪迎。帝笑而扶起之，谓勿惊，第假此间佛寺宿一旬足矣，勿使左右及寺僧知也。大受唯唯。进馔，帝命五人

【注释】

① 微行：指帝王或高官微服私访。

② 供张：亦作"供帐"，指陈设供宴会用的帷帐、用具、饮食等物，也指举行宴会。

③ 张文和公：张廷玉，字衡臣，号砚斋，谥文和，安徽桐城人，康熙三十九年（1700）进士，清康熙时任刑部左侍郎，雍正帝时曾任礼部尚书、户部尚书、吏部尚书、保和殿大学士（内阁首辅）、首席军机大臣等职。

同坐。食毕，大受修函介绍于寒山寺僧，谓有亲串[①]数人，欲假方丈游数日。大受启帝，谓微臣当随驾。帝曰："汝出，恐地方人士多识者，多不便，不如已。"大受叩头谢。既而帝及文和、二监赴寒山寺，僧以为中丞[②]之戚也，供膳。帝谓吾等夙喜素餐，第供素馔足矣。僧导游各处，帝赠一笺，书张继《枫桥夜泊》诗，款署漫游子，留宿七日而去。临行以函告大受，略谓予去矣，恐惊扰地方，万勿远送，遂微行离苏。

【注释】

① 亲串：关系亲密的人，也指亲戚。

② 中丞：古官名，汉代御史大夫下设御史丞、御史中丞。明、清两代常以副都御史或佥都御史出任巡抚，清代各省巡抚例兼右都御史衔，因此也以"中丞"称巡抚。

德宗食草具

德宗受制于孝钦后①，虽饮食品，亦不令太监以新鲜者进。一日，觐孝钦，微言所进者为草具②，孝钦曰："为人上者亦讲求口腹之末耶？奈何独背祖宗遗训！"言时声色俱厉，德宗遂默不敢声。

光绪戊戌，德宗被幽瀛台，每膳虽有馔数十品，离座稍远者半已臭腐，盖连日呈进，饰观③而已，无所易也。余亦干冷，不可口，故每食不饱。偶欲令御膳房易一品，御膳房必奏明孝钦，孝钦辄以俭德责之，竟不敢言。

【注释】

① 德宗：清德宗爱新觉罗·载湉，年号光绪，史称光绪帝。孝钦后：即孝钦显皇后叶赫那拉氏，咸丰帝的妃嫔，同治帝的生母，同治帝继位，尊其为圣母皇太后，上徽号慈禧，史称慈禧太后。

② 草具：粗劣的饭食。

③ 饰观：装饰外表。

袁慰亭之常食

袁慰亭内阁世凯喜食填鸭[1]，而豢[2]此填鸭之法，则日以鹿茸捣屑，与高粱调和而饲之。而又嗜食鸡卵，晨餐六枚，佐以咖啡或茶一大杯，饼干数片，午餐又四枚，夜餐又四枚。其少壮时，则每餐进每重四两之馍各四枚，以肴佐之。

【注释】

① 袁慰亭：袁世凯，字慰亭（又作慰廷），号容庵、洗心亭主人，河南项城人，人称"袁项城"。填鸭：此处指用填鸭法养成的鸭子。所谓填鸭法，是在鸭子生长到一定时期，按时把做成长条的饲料从鸭嘴填进去，减少鸭子的运动量，使其快速增重。

② 豢（huàn）：喂养，特指喂养牲畜。

161

伍秩庸常年茹素

　　光绪癸卯、甲辰间，新会伍秩庸侍郎廷芳以多病而药不瘳①，考求卫生之法，而有悟于植物之发生，实恃太阳，五谷、蔬果无一不藉太阳而生，故其品质最为有益于人，食之自少渣滓而易消化，固非重滞肉类之所能比拟也，乃遂以素食自励。长日两餐，仅于日午、日晡②一进饮食，腥膻、脂肪悉屏不御。久之，而凤疾顿蠲③，步履日健，两鬓且复黑矣。

【注释】

① 伍秩庸：伍廷芳，本名叙，字文爵，又名伍才，号秩庸，后改名廷芳，广东新会人。瘳（chōu）：病愈。

② 日晡（bū）：指申时，约为下午三点至五点。

③ 蠲（juān）：除去，免除。

宴会

宴会所设之筵席，自妓院外，无论在公署，在家，在酒楼，在园亭，主人必肃客①于门。主客互以长揖②为礼。既就坐，先以茶点及水旱烟敬客，俟筵席陈设，主人乃肃客一一入席。

席之陈设也，式不一。若有多席，则以在左之席为首席，以次递推。以一席之坐次言之，则在左之最高一位为首座，相对者为二座，首座之下为三座，二座之下为四座。或两座相向陈设，则左席之东向者，一二位为首座二座，右席之西向，一二位为首座二座，主人例必坐于其下而向西。

将入席，主人必敬酒，或自斟，或由役人代斟，自奉以敬客，导之入座。是时必呼客之称谓而冠以姓字，如某某先生、某翁之类，是曰定席，又曰按席，亦曰按座。亦有主人于客坐定后，始向客一一斟酒

【注释】

① 肃客：迎进客人。

② 长揖：旧时的一种行礼方式，拱手高举，自上而下行礼。

者。惟无论如何，主人敬酒，客必起立承之。

肴馔以烧烤或燕菜①之盛于大碗者为敬，然通例以鱼翅为多。碗则八大八小，碟则十六或十二，点心则两道或一道。

猜拳行令，率在酒阑之时。粥饭即上，则已终席，是时可就别室饮茶，亦可迳出，惟必向主人长揖以致谢意。

猜拳为酒令游戏之法，唐人诗有"城头击鼓传花枝，席上抟拳握松子"句，乃知酒席猜拳为戏，由来久矣。

通俗所行之酒令，两人相对出手，各猜其所伸手指之数而合计之，以分胜负。五代时，史宏肇与苏逢吉饮酒，酒令作手势，即今搳拳之所昉也②。

【注释】

① 燕菜：燕窝。

② 搳（huá）拳：亦作猜拳，旧时民间饮酒时一种助兴取乐的游戏，双手同时伸出手指，并说出一个数目，如一方说出的数与双方伸出的手指总数相符，则为赢家，输者罚饮。昉（fǎng）：起始。

搳拳之口语，一为一定，二为二喜，三为连升三级，四为四季平安，五为五经魁首，六为六顺风，七为七巧，八为八马，九为九连灯，十为十全如意。又有所谓加帽者，则于每句之上，皆加"全福寿"三字，或惟以"全"字为帽。

猜拳有不赌空之说，元姚文奂诗"剥将莲子猜拳子，玉手双开不赌空"是也。今人谓之猜单双。其法任取席上果粒，可枚计掌握者，奇其数，异其色，双握而出其一，先奇耦，次数目，次颜色，凡三射而决胜负。

酒令中有打擂台者，胜家高坐于炕，欲夺其席者，预饮一巨觥①，立者与坐者拇战②，胜则夺其席而据之，败则退位，惟进一觥而已。

──────────── 【注释】 ────────────

① 觥（gōng）：一种古代酒器，此处指酒杯。

② 拇战：即搳拳，划拳。

烧烤席

烧烤席，俗称满汉大席，筵席中之无上上品也。烤，以火干之也。于燕窝、鱼翅诸珍错①外，必用烧猪、烧方②，皆以全体烧之。酒三巡，则进烧猪，膳夫③、仆人皆衣礼服而入。膳夫奉以待，仆人解所佩之小刀脔割④之，盛于器，屈一膝，献首座之专客。专客起箸，簉座⑤者始从而尝之，典至隆也。次者用烧方。方者，豚肉一方，非全体，然较之仅有烧鸭者，犹贵重也。

【注释】

① 珍错："山珍海错"的省称，泛指各种珍异的食物。

② 烧方：整块的烤肉。

③ 膳夫：古官名，掌饮食。此处指厨师。

④ 脔（luán）割：碎割，瓜分。

⑤ 簉（zào）座：陪客。簉，副的，附属的。

燕窝席

　　酒筵中以燕窝为盛馔①，次于烧烤，惟享②贵宾时用之。客就席，最初所进大碗之肴为燕窝者，曰燕窝席，一曰燕菜席。若盛以小碗，进于鱼翅之后者，则不为郑重矣。制法有二。咸者，挽以火腿丝、笋丝、猪肉丝，加鸡汁炖之。甜者，仅用冰糖，或蒸鸽蛋以杂于中。

【注释】

① 盛馔：丰盛的饭食。

② 享：此处指宴请，以酒食待客。

全鳝席

　　同光①间，淮安多名庖②，治鳝尤有名，胜于扬
州之厨人，且能以全席之肴，皆以鳝为之，多者可
至数十品。盘也，碗也，碟也，所盛皆鳝也，而味
各不同，谓之曰全鳝席。号称一百有八品者，则有
纯以牛羊豕鸡鸭所为者合计之也。

――――――――――――【注释】――――――――――――

① 同光：同治（清穆宗年号）与光绪（清德宗年号）的并称。
② 庖（páo）：厨房、厨师。

豚蹄席

　　自粤寇①乱平，东南各省风尚侈靡，普通宴会，必鱼翅席。虽皆知其无味，若无此品，客辄以为主人慢客而为之齿冷②矣。嘉定不然，客入座，热荤既进，其碗肴之第一品为豚蹄，蹄之皮皱，意若曰此为特③豚也。嘉定大族如徐，如廖，亦皆若是，齐民④无论已。

【注释】

① 粤寇：清人对太平天国起义者的蔑称。

② 齿冷：耻笑、讥笑。

③ 特：单，单一。按《礼记正义卷十二王制第五》有"大夫日食特牲，士日食特豚"之说。

④ 齐民：平民。

京师宴会之肴馔

　　光绪己丑、庚寅间，京官宴会，必假座①于饭庄。饭庄者，大酒楼之别称也，以福隆堂、聚宝堂为最著，每席之费，为白金②六两至八两。若夫小酌③，则视客所嗜，各点一肴，如福兴居、义胜居、广和居之葱烧海参、风鱼、肘子、吴鱼片、蒸山药泥，致美斋之红烧鱼头、萝卜丝饼、水饺，便宜坊之烧鸭，某回教馆之羊肉，皆适口④之品也。

【注释】

① 假座：借用座位，借用某场所。

② 白金：古代多指银子，亦指银合金的货币。

③ 小酌：谓随便的饮宴。

④ 适口：适合口味。

麻阳馈银酬席

道光以前，湖南麻阳人家有庆吊[1]事，戚友皆不馈礼物，而馈以银，自一钱至七钱为率。主人率酬以席。赴饮者众宾杂坐，送一钱者仅食有一簋[2]。甫毕，堂隅即鸣金曰："一钱之客请退。"于是纷纷而退者若干人。至第二簋毕，又鸣金曰："二钱之客请退。"又纷纷而退者若干人。例馈五钱者完席，七钱者加品。至五簋已毕，虽不鸣金，而在座者亦寥寥矣。

【注释】
---

① 庆吊：指庆贺与吊慰，亦指喜事与丧事。

② 簋（guǐ）：古代盛食物的器皿，也可用来盛放祭品，圆形。

满人之宴会

满人有大宴会，主家男女必更迭起舞，大率①举一袖于额，反一袖于背，盘旋作势，曰莽式②。中一人歌，众皆以"空齐"二字和之，谓之曰空齐，盖以此为寿也。每宴客，客坐南炕，主人先送烟，次献乳茶，曰奶子茶，次注酒于爵，承以盘。客年长者，主辄长跪，以一手进之，客受而饮，不答礼，饮毕乃起。客年稍长，则亦跪而饮，饮毕，客坐，主乃起。客年若少于主，则主立而酌客，客跪而饮，饮毕，起而坐。妇女出酌客，亦然。惟妇女多跪而不起，非一爵可已也。食时，不食他物。饮已，设油布于前，曰划单，即以防秽也。进特牲③，以刀割而食之。食已，尽赐客奴。奴叩头，席地坐，对主食，不避。

【注释】

① 大率：大概，大约，大致。

② 莽式：满语音译，一种满族舞蹈，在清宫宴会上表演。

③ 特牲：指祭礼或宾礼只用一种牲畜。按《礼记正义卷十二王制第五》有"大夫日食特牲，士日食特豚"之说。

哈萨克人之宴会

哈萨克人朴城简易，待宾客有加礼[1]。戚友远别相会，必抱持交首大哭，侪辈[2]握手搂腰，尊长见幼辈，则以吻接唇，唼喋[3]有声。既坐，藉新布于客前，设茶食[4]、醍酪。贵客至，则系羊马于户外，请客觇之，始屠以饷客。杀牲，先诵经。（马以菊花青白线脸者为上，羊以黄首白身者为上。）血净，始烹食。然非其种人宰割，亦不食也。客至门，无识与不识，皆留宿食。所食之肉，如非新割者，必告之故。否则客诉于头人，谓某寡情，失主客礼，

【注释】
---

① 加礼：厚于常规的礼仪，也指以礼相待。

② 侪（chái）辈：同辈，朋辈。

③ 唼喋（shà zhá）：形容鱼或水鸟吃食的声音，此处指亲吻的声音。

④ 茶食：指糖果、脯饵、糕点之类的零食。

以宿肉[1]病我，立拘其人，责而罚之。故宾客之间，无敢不敬也。

　　每食，净水盥手，头必冠，傥事急遗忘，则以草一茎插头上，方就食，否则为不敬。食掇以手，谓之抓饭。其饭，米肉相瀹，杂以葡萄、杏脯诸物，纳之盆盂，列于布毯。主客席地围坐相酬酢[2]。割肉以刀，不用箸。禁烟酒，忌食豕肉，呼豕为乔什罕，见即避之。尤嗜茶，以其能消化肉食也。

──────────────── 【注释】 ────────────────

① 宿肉：隔日备肉，留肉过夜。

② 酬酢（chóu zuò）：宾主互相敬酒，泛指交际应酬。

方望溪宴客不劝客

　　有饮于方望溪①侍郎邸中者，绝不劝客。或疑而问之，方曰：“礼，主人宴客，客将饭，主人必以粗粝②为辞，客必强飧③之，以为至美。今主人劝客，客反不飧，岂礼也哉？孔子食于少施氏而饱，客将祭④，主人辞曰：‘不足祭也。’客将飧，主人辞曰：‘不足飧也。’”

【注释】

① 方望溪：方苞，字灵皋，亦字凤九，晚号望溪，亦号南山牧叟，安徽桐城人，与姚鼐、刘大櫆并称“桐城三祖”。

② 粗粝（lì）：糙米，也泛指粗劣的食物。

③ 飧（sūn）：晚饭，亦泛指熟食、饭食，此处用如动词，指用餐。

④ 祭：此处指“食祭”，古礼，饮食前以少量酒食祭献先人。

徐兆潢宴客精饮馔

　　常州蒋用庵御史与四友同饮于徐兆潢家。徐精
饮馔，烹河豚尤佳，因置酒，请食河豚。诸客虽贪
其味美，各举箸①大啖，而心不能无疑。中有一张
姓者，忽倒地，口吐白沫，噤不能声。主人与群客
皆以为中河豚毒矣，乃速购粪清②灌之，张犹未醒。
客大惧，皆曰："宁可服药于毒未发之前。"乃各
饮粪清一杯。良久，张苏，群客告以解救之事，张曰：
"仆向有羊角疯之疾，不时举发，非中河豚毒也。"
于是五人深悔无故而尝粪，且呕，狂笑不止。

---------------------【注释】---------------------

① 举箸：起筷。
② 粪清：粪汁。

刘忠诚为友人招宴

新宁刘忠诚公①坤一性机警，权奇自喜②。少时家贫甚，食常不给。一日，友人招宴，设有佳馔，举座皆熟识，忠诚大喜。又虑人多不得饱，佯为扪虱足间，扬其敝袜，拂之者再，尘垢飞落樽俎③，座客无敢下箸，忠诚徐起大嚼，果腹而去。

【注释】

---

① 刘忠诚公：刘坤一，字岘庄，谥忠诚，湖南新宁人。廪生出身，清末湘军名将。

② 权奇：奇谲非凡，多形容良马善行，此处指智谋出众。自喜：自乐、自我欣赏。

③ 樽俎：古代盛酒食的器皿。樽以盛酒，俎以盛肉。代指宴席。

某尚书宴某藩司

同治朝，杭有尚书某者，方致仕①家居。时有藩司②某，以饮食苛求属吏，牧令③患之。尚书曰："此吾门生④，当谕之。"俟其来谒，款之，曰："老夫欲设席，恐妨公务，留此一饱家常饭，对食能乎？"藩司以师命不敢辞。自朝至午，饭犹未出，饥甚。比进食，惟脱粟饭、豆腐一器而已，各食三碗，藩司觉过饱。少顷，佳肴美酝⑤，罗列于前，不能下箸。尚书强之，对曰："饱甚，不能复食。"尚书笑曰："可见饮馔原无精粗，饥时易为食，饱时难为味，时使然耳。"藩司喻其意，自是不复以盘飧责人。

【注释】

① 致仕：古代指官员交还官职，即退休。

② 藩司：官名，南北朝时州刺史的别称，明清时用为布政使别称。按布政使为主管一省民政、财务的官员。

③ 牧令：州牧、县令。清时用为对知州、知县的习称。

④ 门生：泛指学生与弟子。

⑤ 酝（yùn）：酿酒，亦指酒。

潘张大宴公车名士

同、光间，某科会试场后，潘文勤公祖荫、张文襄公之洞大集公车名士[1]，宴于京师陶然亭。所约为午刻。先旬日，折柬[2]招之，经学、史学、小学、金石学、舆地学、历算学、骈散文、诗词，就其人之所长，各列一单，州分部居，不相溷[3]也。凡百余人，如期而至，或品茗谈艺，或联吟对弈，无不兴高采烈。日晡①，大众饥矣，枵腹竟日②，渐少高谈雄辩者。文勤觉之，询文襄曰："筵为何家主办？"文襄大愕曰："忘之矣，今奈何？"乃仓卒遣仆赴酒楼，命送筵至，皆草具也，且馁败③。时街柝④起矣，大众饥不可忍，强下咽，有归而患腹疾者。

【注释】

① 日晡：申时，下午三点到五点。

② 枵（xiāo）腹：空腹，指饥饿。竟日：从早到晚。

③ 馁败：腐败变质。

④ 柝（tuò）：古代打更用的梆子，此处指打更。打更，古代的夜间报时制度，一夜五更，戌时为一更，约为晚七点至九点。

小酌之和菜

小酌^①者，二三知己之小饮也，不足为宴客，沪上所宜者为和菜。和菜，酒楼有之，碰和时所食也。凡四碟、四小碗、二大碗。碟为油鸡、酱鸭、火腿、皮蛋之属，小碗为炒虾仁、炒鱼片、炒鸡片、炒腰子之属，大碗为走油肉、三丝汤之属。碰和^②，赌博之一种也，仅四人。谓之和菜者，言仅足敷四人之便餐耳。

[注释]

① 小酌：指随便的饮宴。唐白居易《雪夜小饮赠梦得》诗云："小酌酒巡销永夜，大开口笑送残年。"

② 碰和：亦作"碰湖""碰壶"，指打牌。

丛
钞

◆

小酌之生火锅

　　京师冬日，酒家沽饮①，案辄有一小釜，沃②汤其中，炽火于下，盘置鸡鱼羊豕之肉片，俾③客自投之，俟④熟而食。有杂以菊花瓣者，曰菊花火锅，宜于小酌。以各物皆生切而为丝为片，故曰生火锅。

【注释】
---

① 沽饮：买酒来喝。

② 沃：浇灌。

③ 俾（bǐ）：使。

④ 俟（sì）：等待。

小酌之边炉①

　　广州冬日，酒楼有边炉之设，以创自边某，故曰边炉，宜于小酌。其食法，略②如京师之生火锅，惟鸡鱼羊豕之外，有鸡卵，盖粤人已知鸡卵之富蛋白质矣。

【注释】

① 边炉：亦作"边鑪"，广式火锅。

② 略：大致。

京师饮水

京师井水多苦，茗具①三日不拭，则满积水硷②。然井亦有佳者，安定门外较多，而以在极西北者为最，其地名上龙。若姚家井及东长安门内井，与东厂胡同西口外井，皆不苦而甜。凡有井之所，谓之水屋子，每日以车载之送人家，曰送甜水，以为所饮。若大内③饮料，则专取之玉泉山也。

饮食丛钞

【注释】

---

① 茗具：茶具。

② 水硷（jiǎn）：水碱，水垢。硷：碳酸钠，旧同"碱"。

③ 大内：旧指皇宫。

荷兰水

　　荷兰水，即汽水，以炭酸气及酒石酸或枸橼酸加糖及他种果汁制成者[1]，如柠檬水之类皆是。吾国初称西洋货品多曰荷兰，故沿称荷兰水，实非荷兰人所创，亦非产于荷兰也。今国人能自制之，且有设肆[2]专售以供过客之取饮者，入夏而有，初秋犹然。

【注释】

---

[1] 炭酸气：即"碳酸气"，指二氧化碳。酒石酸：一种羧酸，存在于多种植物如葡萄和罗望子中，也是葡萄酒中主要的有机酸之一。枸橼酸：即柠檬酸，一种有机酸，易溶于水。

[2] 肆：店铺。

茶癖

　　人以植物之叶，制为饮料，实为五洲古今之通癖，其源盖不可考。西人嗜咖啡、椰子，东人好茶，其物虽以所居而异，好饮一也。然据医士研究，谓此种饮料，含水之多，由百分之九十至九十八，而此少许之饮料，于身体实无所益，饮者亦藉其芬芳之气为进水之阶而已。茶癖非生而有也，乳臭之童，饮茶常苦其涩，不杂以糖果，则不能下。既长，随社会之所好，然后成癖。成人有终岁不饮茶者，于身体之健康，殊无影响。其非生命必需之物，盖无疑义。

　　世界产茶之地，首推吾国，次则印度、日本、锡兰①。西人视乌龙为珍品，即吾国之红茶也。茶之上者，制自嫩叶幼芽，间以花蕊，其能香气袭人者，以此耳。劣茶则成之老叶枝干。枝干含制革盐最多，

饮食丛钞

【注释】

① 锡兰：斯里兰卡。

此物为茶中最多之部，故饮劣茶，害尤甚也。茶味皆得之茶素[1]，茶素能激刺神经。饮茶觉神旺心清，能彻夜不眠者以此。然桤腹[2]饮之，使人头晕神乱，如中酒然，是曰茶醉。

茶之功用，仍恃水之热力。食后饮之，可助消化力。西人加以糖乳，故亦能益人，然非茶之功也。茶中妨害消化最甚者，为制革盐。此物不易融化，惟大烹久浸始出。若仅加以沸水，味足即倾出，饮之无害也。吾人饮茶颇合法，特有时浸渍过久，为可忧耳。久煮之茶，味苦色黄，以之制革则佳，置之腹中不可也。青年男女年在十五六以下者，以不近茶为宜。其神经统系，幼而易伤，又健于胃，无需茶之必要，为父母者宜戒之。

【注释】

① 茶素：指茶叶碱，是茶叶中重要的有机化合物之一。

② 桤（xiāo）腹：空腹。

以花点茶

花点茶之法，以锡瓶^①置茗，杂花其中，隔水煮之。一沸即起，令干。将此点茶，则皆作花香。梅、兰、桂、菊、莲、茉莉、玫瑰、蔷薇、木樨^②、橘诸花皆可。诸花开时，摘其半含半放之蕊，其香气全者，量茶叶之多少以加之。花多，则太香而分茶韵；花少，则不香而不尽其美，必三分茶叶一分花而始称^③也。

【注释】

① 锡瓶：锡制的瓶器。按旧时锡器常用于储存茶叶，以其密封性良好，可长期保持茶叶的色泽与芳香。

② 木樨：桂花。

③ 称：适合。

茗饮时食肴

　　镇江人之啜茶[1]也，必佐以肴[2]。肴，即馔也。凡馔，皆可曰肴，而此特假之以为专名。肴以猪豚为之。先数日，渍以盐，使其味略咸，色白如水晶，切之成块，于茗饮时佐之，甚可口，不觉其有脂肪也。

【注释】

① 啜（chuò）茶：饮茶。啜，饮、吃。

② 肴：此处指肴肉，是江苏镇江的传统名菜，江淮一带皆有制作。

189

京师之酒

京师酒肆有三种，酒品亦最繁。一种为南酒店，所售者女贞、花雕、绍兴及竹叶青，肴核[1]则火腿、糟鱼、蟹、松花蛋、蜜糕之属。一种为京酒店，则山左[2]人所设，所售之酒为雪酒、冬酒、涞酒、木瓜、干榨，而又各分清浊。清者，郑康成[3]所谓一夕酒也。又有良乡酒，出良乡县，都人亦能造，冬月有之，入春则酸，即煮为干榨[4]矣。其佐酒者，则煮咸栗肉、干落花生、核桃、榛仁、蜜枣、山查、鸭蛋、酥鱼、兔脯。别有一种药酒店，则为烧酒以花蒸成，其名极繁，如玫瑰露，茵陈露，苹果露、山查露、葡萄露、五茄皮、莲花白之属。凡以花果所酿者，皆可名露。售此者无肴核，须自买于市。而凡嗜饮药酒之人，辄频往，向他食肆另买也。凡京酒店饮酒，以半碗为程，而实四两，若一碗，则半斤矣。

【注释】

① 肴核：肉类和果类食品。

② 山左：旧时山东省的别称。

③ 郑康成：郑玄，字康成，北海高密人，东汉经学家。

④ 干榨：干酢酒，酿制时不加水。

莲花白

　　瀛台①种荷万柄，青盘翠盖，一望无涯。孝钦后②每令小阉采其蕊，加药料，制为佳酿，名莲花白，注于瓷器，上盖黄云缎袱，以赏亲信之臣。其味清醇，玉液琼浆不能过也。

【注释】

① 瀛台：台名，位于北京清故宫西苑太液池（即今中南海）。

② 孝钦后：孝钦显皇后叶赫那拉氏，咸丰帝的妃嫔，同治帝的生母，同治帝继位，尊其为圣母皇太后，上徽号慈禧，史称慈禧太后。小阉：小太监。

191

烧酒

　　烧酒性烈味香，高粱所制曰高粱烧，麦米糟所制曰麦米糟烧，而以各种植物揉入之者，统名之曰药烧，如五茄皮、杨梅、木瓜、玫瑰、茉莉、桂、菊等皆是也。而北人之饮酒，必高粱，且以直隶之梁各庄、奉天之牛庄、山西之汾河所出者为良。其尤佳者，甫入口，即有热气直沁心脾，非大户，不必三蕉①，醉矣。

　　张文襄公尝因置酒，问坐客以烧酒始于何时。时侯官陈石遗学部衍亦在坐②，则起而对曰："今烧酒，殆元人所谓汗酒也。"文襄曰："不然，晋

【注释】
---

① 三蕉：三杯。蕉，蕉叶，指一种浅底的酒杯。

② 学部：官署名，清末设立的中央教育行政机构。陈衍，近代诗人，字叔伊，号石遗老人，福建侯官人，曾任学部主事。

已有之。陶渊明传云，五十亩种秫①，五十亩种稻。稻以造黄酒，秫以造烧酒也。"陈曰："若然，则秫稻必齐②，《月令》早言之矣。"文襄急称秫稻必齐者再，且曰："吾奈何忘之！"

葡萄酒

葡萄酒为葡萄汁所制，外国输入甚多，有数种。不去皮者色赤，为赤葡萄酒，能除肠中障害[①]。去皮者色白微黄，为白葡萄酒，能助肠之运动。别有一种葡萄，产西班牙，糖分极多，其酒无色透明，谓之甜葡萄酒，最宜病人，能令精神速复。烟台之张裕酿酒公司能仿造之。其实汉、唐时已有葡萄酒，亦来自西域。唐破高昌[②]，收马乳葡萄，实于苑中，种之，并得其酿酒之术也。

【注释】

① 障害：阻碍，妨碍。

② 高昌：西域古国名，《新唐书·高昌传》有载。

高画岑呼酒痛饮

嘉、道间，仁和有高林字画岑者。诸生[1]也，家塘栖，通脱无威仪。与赵宽夫同学。宽夫性方严，无敢以言戏之者。画岑故谬说经旨以激之使怒，宽夫断断[2]争，则大笑以谩侮[3]之。家徒四壁，惟嗜饮酒。饮必醉，醉则卧市沟中。人属以诗歌文章，信口而成，率妙丽有逸趣。一日，入城应试，闻其友疾亟[4]，走归，已殓，大哭，投水中。妻遽阖户缢。邻人两救之，得俱活。画岑更大笑，呼酒痛饮，人不测其所为也。已而病酒，竟死。

【注释】

① 诸生：生员、秀才。

② 断断：此处形容决然无疑的样子。

③ 谩侮：欺瞒，此处当指言辞轻慢。

④ 亟（jí）：急。

张云骞以买米钱买醉

　　张云骞刺史①年少豪迈，不问家人生产作业。好饮酒，一石亦不醉，然时有断炊之患。一日，其妻拔钗，质③钱三百文，将以买米，置于几。张见之，即以质券③裹钱，持之出，买醉于酒家矣。夜半，酩酊归，钱罄而券亦失，不可踪迹矣。

【注释】

---

① 刺史：古官名，清代用为知府的别称。

② 质：典押。

③ 质券：典押借贷的契券。

刘武慎好汾酒

　　刘武慎公长佑在官勤恁①，治事接宾客，未尝有倦容。而好饮，且必汾酒。尝独酌，一饮可尽十余斤。左手执杯，右手执笔，判公牍②，无或讹。或与客会饮，虽不拇战③，而殷勤劝盏。燕毕客退，仍揖让如仪也④。

【注释】

① 刘武慎公：刘长佑，字子默，号荫渠（一作印渠），谥武慎，湖南新宁人，清末湘军重要统帅。勤恁：亦作"勤任"，指勤恳。

② 公牍（dú）：公文。

③ 拇战：即"划拳"，酒令的一种，因时常用拇指，故称。

④ 揖让：宾主相见的礼仪。揖，旧时拱手行礼。如仪：按照仪式。

张文襄戒酒

张文襄少时，耽曲蘖[1]，醉后好为狂言，闻者却走。醉甚，则和衣而卧，笠屐[2]之属，往往发见于枕隅。某年，其族兄文达公之万以第一人及第，文襄大恚[3]，慨然曰："时不我待矣。"自此遂戒酒不饮。

【注释】

① 耽：沉溺、入迷。曲蘖（niè）：酒曲，亦用为酒的代称。

② 笠屐（jī）：此处泛指鞋帽之类。笠，用竹篾或棕皮编制的遮阳挡雨的帽子。屐，以木头为底的鞋子。

③ 恚（huì）：怨、怒。

方渔村以酒壶为友

方渔村孑身独处，生平未尝近女色。所居茅屋三椽①，不蔽风雨，吟咏其中，怡然自得。性嗜饮，得钱，辄沽酒。遇途人，即拉与共醉，不问谁何也。又喜拇战，或以不能辞，必强嬲②之。固辞，则怒，人畏其怒，相率③远避。见无人与共，即以酒壶为友，而与之猜拳行令，人遂谓之方痴子。年八十余，无疾而终，姻戚经纪其丧。

————————————————【注释】————————————————

① 椽（chuán）：古代房屋间数的代称，原指放在檩上架着屋顶的木条。

② 嬲（niǎo）：纠缠，搅扰。

③ 相率：亦作"相帅"，相继，一个接一个。

李文忠饮鸡汤

李文忠①督直时，尝以阅兵出巡，过某地，某官供张②甚谨。上食时，某官恐不得当，肴膳咸自验，方敢进。犹恐味未醲厚，每汤一碗，辄杀鸡三五。不意撤膳时，仆人辄传语曰："汝等所进之肴，中堂实不能食，已受饿矣。"某官大惶悚，乃传厨人至，呵斥之，复殷殷告戒。乃更加醲厚，五鸡而一汤，余率类是，自谓可告无罪矣。不意又命将所进肴撤出，且厉声斥曰："实不足食，中堂愈受饿矣。"令大恐，无可为计。或教之曰："中堂出，必自挈庖人③，盍令其代办而以重金馈之，必谐矣。"令大悟，

【注释】

① 李文忠：李鸿章，本名章铜，字渐甫或子黻，号少荃（泉），晚年自号仪叟，别号省心，谥文忠，晚清名臣。

② 供张：亦作"供帐"，指陈设供宴会用的帷帐、用具、饮食等物，亦指举行宴会。

③ 庖人：厨师。

使人辗转托之，并先馈以重金，再三言，始可。令因思彼有何秘方，自往觇①之。但见以一鸡煮汤，甫煮讫，厨子即举碗饮之尽，乃挽水入釜中，取其汤入他肴中。令大骇曰："吾三五鸡制一汤，中堂犹曰不可食，汝乃以此进耶？"厨人睨视②，哈③之曰："如汝言，彼在外得饮如此佳汤，将来回署时，我更以何物供给之耶？"令始悟前之作难，悉仆与庖人串通为之也。

【注释】

① 觇（chān）：看，偷偷地察看。

② 睨（nì）视：斜视，傲视。

③ 哈（hāi）：欢笑。

鸡汁浸布以为汤

同、光间，杭城有潘厨子者，以意调著。其初溧阳姚季眉为仁和令时，实奖拔之。杨石泉制军[1]昌濬时为杭州守，亦甚赏之。已而杨擢陕抚，潘乃持粗布数疋[2]及冬菇为献。杨问之曰："冬菇，吾知浸酱油其中，甚善也。布何为者？"潘曰："小人非献布也，盖沁鸡汁于布中，干之。大人至北地，或止顿[3]荒僻处，不能时得佳肴，试翦此方寸入沸水，无殊鸡汤矣。"杨试之，果然，大称赏。

【注释】

---

① 制军：明、清时期对总督的称呼。按杨昌濬字石泉，湖南娄底人，曾任陕甘总督、闽浙总督等职，故以制军称之。

② 疋（pǐ）：同"匹"。

③ 止顿：停留。

蛋汤

制蛋汤有二法，一专用卵白[1]，一并黄而用之。专用卵白者，亦称碎玉汤。取熟鸡蛋之白，切方圆长短尖角等各式小块，入鸡汤中，加香菌、笋片，煮滚起锅，下盐少许。并黄白而用之者，亦称蛋花汤，倾蛋于碗中，调匀，入鲜美之沸汤，略加盐及火腿丝、虾米，用铲刀[2]截开，使不凝合，再煮一滚，即熟。二者并宜宽汤。

【注释】
---

① 卵白：蛋清，蛋白。

② 铲刀：方言，指锅铲。

奕誴以溺饮其傅

惇郡王奕誴，宣宗①子也。性傲，不喜读书。一日，傅督之急，忽不知所往，傅遣内侍大索②。久之，则自正大光明殿出。又一日，手茶一杯进傅曰："某顽钝，屡蒙训诲，至感，故有所献。"傅饮之，茶中有溺③也，大恚。宣宗适至，曰："得毋为五阿哥废学乎？"傅曰："非也。五阿哥赐臣茶一杯，颇有异味，请上嗅之。"宣宗嗅之，大怒，王坐是贬。

【注释】

① 宣宗：清宣宗爱新觉罗·旻宁，清仁宗嘉庆帝第二子，年号道光。

② 大索：此处指众人大肆搜寻。

③ 溺：小便。

粥

粥有普通、特殊之别。普通之粥，为南人所常食者，曰粳米粥，曰糯米粥，曰大麦粥，曰菉豆[1]粥，曰红枣粥。为北人所常食者，曰小米粥。其特殊者，或以燕窝入之，或以鸡屑[2]入之，或以鸭片入之，或以鱼块入之，或以牛肉入之，或以火腿入之。粤人制粥尤精，有曰滑肉鸡粥、烧鸭粥、鱼生肉粥者。三者之中，皆杂有猪肝、鸡蛋等物。别有所谓冬菇鸭粥者，则以冬菇煨鸭与粥皆别置一器也。

客至不留饭

浙东之宁波、绍兴，有客至，适在将饭时，必留膳，且每饭必先以酒。仓猝客至，虽无特肴，亦必坚留进食，殷勤劝进。意谓客既果腹，可任所之。杭州城外之人亦如是。城市则不然，客至谈话，而时适届午、夜两餐也，其家中人必曰："时至矣，将饭。"高声呼之，取瑟而歌①之之意也。客至是，自即兴辞②而出。然主人送之出门，犹必曰："盍不③就餐于此。"客亦知其意，必谦言道谢而径去。

【注释】

① 取瑟而歌：比喻用曲折的方式表达情意。《论语·阳货》："孺悲欲见孔子，孔子辞以疾，将命者出户，取瑟而歌，使之闻之。"

② 兴辞：起立辞谢，也指告辞。

③ 盍（hé）不：何不。

左文襄喜左家面

扬州新城校场街，有左家面铺者，自咸、同以来，开两世矣。盖左文襄初为孝廉时①，北上道扬州，尝之，美不能忘也。及督两江，阅兵至扬郡，地方官之备供张②者，问左右以所好。左右云："公尝言扬州左面佳耳。"时郡城面馆如林，而无此肆，地方官乃令庖人假其名以进。文襄虽未面揭其伪，而退言非真也。繇是③左面之名脍炙人口。

──────── 【注释】 ────────

① 左文襄：清末名臣左宗棠，字季高，湖南湘阴人，谥文襄。孝廉：举人。

② 供张：亦作"供帐"，指陈设供宴会用的帷帐、用具、饮食等物，也指举行宴会。

③ 繇（yóu）是：从此。繇，通"由"。

宣宗思片儿汤

　　宣宗最崇俭德，故道光时内务府岁出之额，不过二十万，堂司各官皆有臣朔欲死之叹[①]。一日，上思片儿汤[②]，令膳房进之。次晨，内务府即奏请设置御膳房一所，专供此物，尚须设专官管理，计开办费若干万金，常年经费又数千金。上乃曰："毋尔，前门外某饭馆，制此最佳，一碗值四十文耳，可令内监往购之。"半日复奏曰："某饭馆已关闭多年矣。"上无如何，但太息[③]曰："朕不以口腹之故妄费一钱也。"

【注释】

① 堂司：明清时中央各行政官署的泛称，亦指各署的长官。臣朔：西汉东方朔的省称，《汉书·东方朔传》："朱儒长三尺馀，奉一囊粟，钱二百四十。臣朔长九尺馀，亦奉一囊粟，钱二百四十。朱儒饱欲死，臣朔饥欲死。"

② 片儿汤：经典传统小吃，以面粉、猪肉末、鸡蛋为主料制成，口感滑软，汤鲜味美。

小食

　　世以非正餐所食而以消闲者，如饼饵^①糖果之类，曰小食。盖源于《搜神记》所载："管辂^②谓赵颜曰：'吾卯日^③小食时必至君家。'"小食时者，犹俗所称点心时也。苏、杭、嘉、湖人多嗜之。

【注释】

① 饼饵（ěr）：饼类食品的总称。饵，糕饼。

② 管辂：字公明，山东平原人，三国时曹魏术士。

③ 卯日：古代用天干地支来记录年、月、日、时。卯是十二地支之一，卯日就是地支为卯的日子，共有五个，轮流当值。

茶食

俗于热点心之外，称饼饵之属为茶食。盖源于金代旧俗，婿纳币[1]皆先期拜门，戚属偕行，男女异行[2]而坐，进大软脂、小软脂蜜糕人一盘，曰茶食。

乾隆末叶，江宁茶食店以利涉桥之阳春斋、淮清桥之四美斋为上，游画舫者争相货买[3]，曲中[4]诸妓款客馈人，亦必需此。两斋皆嘉兴人所设，制造装潢，较之江宁，倍加精美。

【注释】

① 纳币：古代婚礼六礼之一，纳吉之后，择日具书，送聘礼至女家，女家受物复书，婚姻乃定。亦称"文定"，俗称"过定"或"下定"。

② 异行：此处指分开排列。

③ 货买：购买，采购。

④ 曲中：妓坊的通称。

馒头

　　馒头，一曰馒首，屑面[1]发酵，蒸熟隆起成圆形者。无馅，食时必以肴佐之。后汉[2]诸葛亮南征，将渡泸水[3]时，土俗杀人首祭神，亮令以羊豕代之，取面画人头祭之。馒头名始此。

【注释】

---

① 屑面：此处指将小麦磨制成面粉。

② 后汉：此处指三国时期的蜀汉，史称"蜀"，亦称"刘蜀""季汉"。

③ 泸水：金沙江。

包子

　　南方之所谓馒头者，亦屑面发酵蒸熟，隆起成圆形，然实为包子。包子者，宋已有之。《鹤林玉露》曰："有士人于京师买一妾，自言是蔡太师[1]府包子厨中人。一日，令其作包子，辞以不能，曰：'妾乃包子厨中缕[2]葱丝者也。'"盖其中亦有馅，为各种肉，为菜，为果，味亦咸甜各异，惟以之为点心，不视为常餐[3]之饭。

【注释】

① 蔡太师：此指北宋权臣蔡京，官至太师。

② 缕：疏通、分流，此处指用刀切。

③ 常餐：此处指正餐。

烧饼

　　饼，面糍①也，溲面②使合并也。有曰烧饼者，最普通，南北皆有之，而又最古。盖见于《齐民要术》，所引《食经》有作烧饼法也。或有馅，或无馅。无馅者亦咸。其表皆有芝麻，烘于火，略焦。

【注释】
---

① 糍（cí），一种用糯米制成的食品，一般为圆形。此处以"面糍"形容饼的外形。

② 溲（sōu）面：以水和面。

松文清撤馔与人

松文清公①筦督两广时，一日宴客，肴馔甚丰，幕宾某因属目焉②。文清见之，意其人之垂涎也，曰："汝爱食吾肴乎？"取二簋③与之。小仆诧其事，自座后翘足而望。文清回首见之，意小仆亦垂涎也，曰："汝亦爱食此肴乎？"复取二簋与之，存其余以食客。客颇怏怏，文清不之顾也，尽醉而罢。

【注释】

① 松文清公：松筠，姓玛拉特氏，字湘圃，谥文清，蒙古正蓝旗人，清乾隆至道光年间大臣。

② 幕宾：幕僚、清客。属（zhǔ）目：注视。

③ 簋（guǐ）：一种古代食具，圆口双耳，此处代指盘子。

李鸿章杂碎

　　光绪庚子[1]，拳乱[2]既平，李文忠公鸿章奉使欧美。其在美时，以久厌膻腥，令华人所设餐馆进馔数次。西人问其名，难于具对，统名之曰杂碎。自此杂碎之名大噪，仅美之纽约一埠，已有杂碎馆三四百家。此外东方各埠，如费尔特费、波士顿、华盛顿、芝加高、必珠卜等[3]，亦无不有之。全美华侨衣食于是者，凡三千余人，所入可银数百万。凡杂碎馆之食单，莫不大书曰李鸿章杂碎、李鸿章饭、李鸿章面等名。

【注释】
---

① 光绪庚子：光绪二十六年（1900）为庚子年。是年八国联军侵华，称"庚子事变"。

② 拳乱：庚子事变的别称。义和团，又称义和拳、拳匪等。

③ 费尔特费：费城的旧译名。芝加高：芝加哥的旧译名。必珠卜：匹斯堡的旧译名。以上均为美国东部城市名。

年羹尧食小炒肉

年羹尧由大将军贬杭州防御，姬妾星散。有杭州秀才某得其一姬，闻在府中司饮馔者，自云："专司小炒肉一味。大将军每饭，必于前一日呈进菜单。若点小炒肉，则须忙半日。惟月仅遇一二次。此非他手所能办，而我亦不问他事也。"秀才曰："曷[1]为我试之。"姬哂[2]曰："府中一盘肉，须用一头肥猪，取其最精之一块耳。今君家市[3]肉，辄仅斤许，从何下手！"秀才为之嗒然[4]。

【注释】

① 曷（hé）：何时。

② 哂（shěn）：微笑，讥笑。

③ 市：购买。

④ 嗒（tà）然：形容懊丧的神情。

饮食丛钞

太仓肉松

　　光绪初，太仓富室王某事母至孝。母酷嗜肉松，终不得佳品，为之不欢。会有居其院后之苏媪[1]率其女来乞施与，闻之，以善制肉松自荐。命试之，则谓非得全猪不可，从之。又乞归治，盖秘其法也。制成进献，尝之，固为特味。遂给其衣食，令随时供制无缺。媪出其余，提筐鬻[2]于市。积久，获资颇丰，乃赘货郎子为婿，婿为媪治棚购猪畜之。是时肉松苏媪之名已大噪，购者趋之若鹜，媪复购地建屋设门市焉。外埠来购者络绎不绝，媪遂制筒，以便远道之采购。肉松之外，复制酱骨，即以制肉松所余之骨制之。

【注释】

① 媪（ǎo）：对年老妇人的通称。

② 鬻（yù）：卖。

盛杏荪食宣腿

　　火腿之产于云南宣威者，较金华所产为肥。宣
统时，有自滇至沪者，赍以馈盛杏荪[①]，礼单有"宣
腿[②]"二字。盛不悦，盖触[③]其名也。然盛喜食此腿，
几于每饭必具。

【注释】

① 盛杏荪：盛宣怀，字杏荪，江苏江阴人，清末官员。

② 宣腿：宣威火腿的简称。

③ 触：触犯、冒犯。

汪文端食鸡蛋

旗员之任京秩①者，以内务府为至优厚。承平②时，内务府堂郎中岁入可二百万金。即以鸡蛋言之，其开支之钜，实骇听闻。乾隆朝，大学士汪文端公由敦一日召见，高宗从容问曰："卿昧爽③趋朝，在家曾吃点心否？"文端对曰："臣家贫，晨餐不过鸡蛋四枚而已。"上愕然曰："鸡蛋一枚需十金，四枚则四十金矣。朕尚不敢如此纵欲，卿乃自言贫乎？"文端不敢质言④，则诡词以对曰："外间所售鸡蛋，皆残破不中上供者，臣故能以贱直得之，每枚不过数文而已。"上颔之。

【注释】

① 京秩：京官。

② 承平：太平，持久太平。

③ 昧爽：拂晓；黎明。

④ 质言：直言，如实而言。

翁叔平食鸡蛋

德宗尝问翁叔平[1]相国曰："南方肴馔极佳，师傅何所食？"翁以鸡蛋对，帝深诧之。盖御膳若进鸡蛋，每枚须银四两，不常御也。较之乾隆朝，则廉[2]矣。

【注释】

① 翁叔平：翁同龢，字叔平、谥文恭，江苏常熟人，晚清名臣，曾任同治、光绪两朝帝师。

② 廉：便宜。

李倩为食腌鸭尾

　　南海李孝廉樗，字倩为，嗜食腌鸭尾[①]，每膳必需。家人以鸭进者，辄割尾而弃其余。遇戚友设筵，无鸭尾以为不恭，则怫然[②]谢去，虽珍错[③]盈前，不下箸。佛山镇有一豪家，燕饮不时，烹饪狼藉，所用腌鸭，日以数十计。恶其尾膻，未下釜时，即命家人刲[④]之以投墙外。倩为闻而叹曰："委明珠于粪壤，抵尺璧于污泥，天下有拂人之性若此伧父[⑤]者哉！世不贵宝，我不忍其弃于地也。"遂徙居，与之结邻，日享其腌尾焉。

【注释】

------

① 鸭尾：鸭屁股。

② 怫（fú）然：忿怒的样子。

③ 珍错："山珍海错"的省称，泛指各种珍异的食物。

④ 刲（kuī）：割取。

⑤ 伧（cāng）父：泛指粗俗、鄙贱之人，犹言村夫。

张瘦铜赵云松食鲟鳇鱼

　　邵暗谷①太守之夫人善烹鲟鳇鱼头。张瘦铜中翰与赵云松观察尝于夜半买鱼②，排闼③喧呼。太守夫妇已寝，闻声出视，不得已，属夫人起而治庖。鱼熟，命酒，东方明矣，三人为之大笑。

───────────────── 【注释】 ─────────────────

① 邵暗谷：邵齐然，字光人，号暗谷，江苏常熟人，乾隆年间进士，曾任杭州知府，故以"太守"称之。

② 张瘦铜：张埙，字商言，号瘦铜，江苏吴县人，以诗名世，曾任内阁中书。中翰：明清时对内阁中书的别称。赵云松：赵翼，字云松，一字耘崧，江苏阳湖人，以诗名世，曾任贵西兵备道。观察：明清时对道员的尊称。

③ 排闼（tà）：推门、撞门。闼，门，小门。

庆年嗜鳖

庆年曾任粤督①，最嗜鳖，几于每饭必具，馈献者络绎于道。有县令某知庆嗜鳖，一日，适渔人献巨鳖，大逾恒②，见之，大喜，乃以极大瓷盂郑重封固，专人驰送。庆不知所馈为何珍物，视其标题，大书"两广总督部堂庆"字样，揭视，乃一鳖也。以为慢己，大怒，严饬③之。令惶怖无措，献巨金，始获免于罪。

---------【注释】---------

① 粤督：两广总督。

② 逾恒：超过寻常。

③ 严饬：严加整治，严肃告诫。

食蟹重黄

　　古人食蟹，必曰持螯，殆以螯为蟹中滋味之最隽腴②者欤？今之食蟹者，则重黄。黄在壳中，味颇隽，胜于八跪。（跪，足也。）盖深有味于《清异录》所载刘承勋之言"十万白八③敌一个黄大不得"也。

【注释】

① 螯：螃蟹等节肢动物变形的第一对脚，形状像钳子。

② 腴（yú）：腹下的肥肉，也指肥胖、肥沃。

③ 白八：指螃蟹的八条腿。

李文忠食芸薹菜

　　武昌之洪山，产芸薹①菜甚佳。李文忠公嗜之，督直时，曾令人取洪山之土，运以至津，种之。盖以易地种植，即失本味，如橘之逾淮而为枳②也。

【注释】

① 芸薹：一名薹芥，油菜的一种。此处指湖北名菜洪山菜薹。

② 枳：枸橘，又称"臭橘"。《周礼·考工记·序官》云："橘逾淮而北为枳。"

煎豆腐

　　乾隆戊寅[1]，袁子才与金冬心在扬州程立万家食煎豆腐[2]，诧为精绝。其腐两面黄干，无丝毫卤汁，微有蛼螯[3]鲜味，然盘中实无蛼螯及他物也。次日告查宣门，查曰："我能之，我当特请。"已而与杭堇浦[4]同食于查家，则上箸大笑，乃纯是鸡、雀胸为之，非真豆腐，肥腻难耐矣。其费十倍于程，而味远不及也。

【注释】

① 乾隆戊寅：乾隆二十三年（1758）为戊寅年。

② 袁子才：袁枚，字子才，号简斋，晚号仓山居士、随园主人、随园老人，浙江杭州人，有诗名世，著有《小仓山房文集》、《随园诗话》及《补遗》《随园食单》《子不语》《续子不语》等。金冬心：金农，字寿门、司农、吉金，号冬心先生、稽留山民、曲江外史、昔耶居士、寿道士等，浙江杭州人，布衣终身，以书画名世，为"扬州八怪"之首。查宣门：查开，字宣门，号香雨，浙江海宁人，官至河南中牟县丞。

③ 蛼螯（chē áo）：蛤类，壳紫色，如玉有斑点，肉可食。

④ 杭堇浦：杭世骏，字大宗，号堇浦，别号智光居士、秦亭老民、春水老人、阿骏，室名道古堂，今浙江杭州人，著有《道古堂集》《榕桂堂集》等。

朱文正劝客食豆腐

朱文正公珪[1]尝留其门下士便餐。平居[2]用膳，本二肴，一日，有门下士进谒，留之餐，为增二品，则一肉、一鱼、一菜、一白瀹[3]豆腐。文正语之曰："豆腐清品，绝不可和以油、盐、醯[4]、酱。此至味也，可多食之。"乃以勺频取，置其饭中。

--------------------------------- 【注释】 ---------------------------------

① 朱文正公珪：朱珪，字石君，号南崖，晚号盘陀老人，历仕乾隆、嘉庆两朝，谥文正。门下士：门人，指门客或门生。

② 平居：平日、平素。

③ 瀹（yuè）：煮。

④ 醯（xī）：醋，也指用于保存蔬菜、水果、鱼蛋、牡蛎的净醋或加香料的醋，亦指酒。

媪食菌而笑

菌有一种，食之得干笑疾，人呼之为笑矣乎，不言其可以致死也。然此菌实有毒，笑而不已，久之必死。光绪时，吴下马医科巷俞曲园太史之邻潘家有一媪①，潘某之妻母也，食菌后，觉腹中有异，乃就床卧。俄而吃吃笑，俄而大笑，惊谓其女曰："殆矣②，吾食笑菌死矣。"其言虽如此，而笑仍不绝声。未几，起而立，旋仆，遂伏地狂笑。其女惊惶失措，以俞家时有药饵③馈送比邻，乃踵门④问焉。俞因检经验良方，知食笑菌者，以薜荔⑤煎汤可治之。适墙头有此种，乃采一束煎汤以与之。饮后，须臾笑止，得无恙。

【注释】

① 吴下：泛指吴地。俞曲园：俞樾，字荫甫，自号曲园居士，浙江德清城关乡南埭村人，清道光三十年（1850）进士，曾任翰林院编修。太史：古官名，明清时期用为翰林的别称。

② 殆（dài）：危。

③ 药饵：药物。

④ 踵（zhǒng）门：亲自上门。

⑤ 薜荔（bì lì）：植物名，又名凉粉子、木莲。

蜜煎

俗称蜜浸果品为蜜煎，盖原于吴自牧《梦粱录》所载"除夕，内司意思局进呈精巧消夜果子合[1]，合内簇诸般细果、时果、蜜煎、糖煎等品"也。是宋时已有此称矣。后改为蜜饯。顺、康间，滇西多蜜饯物，蜜甚多。土人扑得大蜂，以长线系其腰，识以色纸，迎风放之，乃集众荷畚锸[2]随行，度越山岭，蜂入土窍[3]，从而掘之。其穴大如城郭，辄得蜜数百斤，故槟榔、香附、橙、柑、木瓜、香橼、梅、李、川芎、瓜、茄，多以蜜渍供客，复以酒醉群蜂而饷亲友。降及同、光，江、浙大盛，然以苏州稻香村所制者为尤佳。

―――――――――――――――――【注释】―――――――

① 合：盒子，后作"盒"。

② 荷：扛着。畚锸（běn chā）：亦作"畚臿"，畚为盛土器，锸为起土器，泛指挖运泥土的用具。

③ 窍：窟窿，孔洞。

张文襄嗜荔枝

张文襄嗜鲜荔枝，督鄂时，曾令广东增城宰[1]收买荔枝万颗，浸以高粱，装入瓷坛，寄湖北。至芜湖，为税关[2]截下，悉数充公。时榷吏为袁忠节公昶[3]，忽得文襄急电，译之，约百余字，则荔枝一案也。袁知被巡丁分啖，乃至申采办以补之。

【注释】

① 宰：此处指县令。

② 税关：旧时在水陆交通、商人聚集的地方，所设的收税机关。

③ 榷吏：此处指负责收税的官员。袁忠节公：袁昶，原名振蟾，字爽秋，一字重黎，谥忠节，浙江桐庐人，为清末名臣。

曾文正嗜辣子粉

曾文正督两江时，属吏某颇思揣其食性，藉以博欢，阴赂文正之宰夫[1]。宰夫曰："应有尽有，勿事穿凿。每肴之登，由予经眼足矣。"俄顷，进官燕[2]一盂，令审视。宰夫出湘竹管向盂乱洒，急诘之，则曰："辣子粉也，每饭不忘，便可邀奖。"后果如其言。

【注释】

① 宰夫：周代官名，此处指厨师。

② 官燕：指品质较优，盏形完整的白色燕窝，是燕窝中的上品。

图书在版编目（CIP）数据

饮食丛钞 / (清) 徐珂编；江俊伟注译. -- 武汉：
崇文书局，2018.7
（雅趣小书 / 鲁小俊主编）
ISBN 978-7-5403-5092-5

Ⅰ.①饮… Ⅱ.①徐…②江…
Ⅲ.①饮食－文化－中国－清代
Ⅳ.①TS971.2

中国版本图书馆CIP数据核字(2018)第145293号

雅趣小书：饮食丛钞

责任编辑	刘 丹
装帧设计	刘嘉鹏　eaoi design
出版发行	崇文书局
业务电话	027-87293001
印　　刷	武汉精一佳印刷有限公司
经　　销	新华书店湖北发行所经销
版　　次	2018年7月第1版第1次印刷
开　　本	880*1230　1/32
字　　数	150千字
印　　张	7.25
定　　价	49.80元